IT architect

システム設計の先導者

ITアーキテクトの教科書

[改訂版]

a Revised Edition

石田 裕三 著

CONTENTS

本書は、日経 SYSTEMS2012 年 10 月号～ 2013 年 9 月号に掲載した連載講座「IT アーキテクト養成講座」をベースに加筆・修正し、第 7 章を新たに書き下ろしたものです。

序章　IT アーキテクトがシステムを救う

ハードウエアの革新を知り課題に意識を向ける

CPU の進化の方向性がクロック数の向上からコア数の増加に変わり、既に 10 年以上が経過しました。これからの IT アーキテクトは、処理の並列性を意識せずに活躍することは不可能でしょう。また近年は、DIMM スロットに挿入する不揮発性メモリーの標準化が進み、高速だが揮発性の主記憶と低速だが不揮発な補助記憶といった“境界線”すら見直す時代に入りつつあります。

OS のカーネルも含め、これまでのソフトウエア設計の前提であるハードウエアの制約が大きく変わり、処理のボトルネックがハードウエアの物理限界からソフトウエアのデザイン、つまり「並列性の考慮度合い」に移りつつあります。

ビジネスにおける IT の重要性が増すにつれ、扱うデータ量は飛躍的に増加します。センサーデータなどを扱う IoT（Internet of Things）では、桁違いのデータを扱うことになります。莫大なデータをタイムリーに情報化し、手にした情報でビジネス上の果実を得ることが必須になります。それを実現できなければ、IoT などの新たな取り組みへの期待は幻滅に変わり、新たな価値創出に向けた前向きな IT 投資は望めなくなってしまうでしょう。

ハードウエアが進化しても解けない課題を知る

クラウドを使えば“無限”のデータをためることは容易です。難しいのは、ビジネスの変化に追随できる情報化です。「手作業の自動化」としての IT 活用が一段落した昨今、本質的なチャレンジは“要件を固定できない”ことにあります。

IT を活用してデータを情報化できたとしても、情報を使い価値を生み出すのは人です。人は今まで見えなかった情報を見ることで、さらなる情報化の必要性に気付くでしょう。ビジネス環境は刻々と変わります。つまり、必要な情報も変わり続けるのです。このような環境下では、要件をまず確定して「作ること」を目的とした IT システムの開発手法は通じません。作ることを目的とすれば、初期リリースの段階で既に変化が困難な“レガシー”システムを増やし、作るほど運用負荷を高めることになります。これからのシステム開発の目的は、常に変化し続ける未知の要求にタイムリーに対応し続けることができる「持続可能性（Sustainability）の獲得」です。

パッケージソフトウエアのように、問題領域を限定して部分問題を解くソリューションを調達することはできます。しかしながら、部分最適のための引いた境界線が将来も適切である保証はありません。結果的に分割したシステム間でデータ連携が増え、運用負荷を押し上げることも珍しくないでしょう。

例えば、ETL システムがはらんでいる一般的な課題を考えてみましょう。基幹システムから夜間にデータを抽出（Extract）し分析システムにデータ連携（Transfer）後、日中の分析時の応答性を高めるために事前に加工して目的別テーブル（データマート）にデータをロード（Load）する ETL は、今日でも一般的なアプローチです。

しかし、この ETL 処理にバグがあれば、不正なデータが他のシステムに伝播します。人間が書くプログラムにバグが混入する可能性はゼロにはできません。問題なのは、プログラムのバグ除去という作業に加えて、既に伝播してしまった不正なデータの遡及、データのフォロー作業という特別運用が必要になることです。データ量が増えればその分だけフォロー時間は長くなり、その間分析機能は実質的には使えないのと同じ状態に陥ります。この機能面での可用性の低下は、ビジネスがデータへ依存を強めるほどより深刻な問題となります。

“機会損失ゼロ”を目指して

ビジネスの視点で見ると小さな要件追加や変更でも、システムにとっては大きな変化要因となり影響範囲の特定などに苦慮し、対応に時間がかかる場合があります。そうなるとシステムに追加投資してもビジネス上の採算が合わないため追加投資を諦めることになり、目に見えないコスト、機会損失（Oppotunity Cost）を積み上げることになります。

IT アーキテクトは、この見えないコストをゼロにすることを目指して変化対応力を最大化するアーキテクチャー的戦略を持つ必要があるでしょう。想定外の機能要件の追加や変更にも“無限”に対応し続け、その変更時の影響範囲を極小化できるのが目指す姿です。

本書の改訂にあたり追加した第７章には、このようなニーズに対応する際に取り得る戦略をまとめました。保守運用工程に入ってから変化対応を考えても手遅れです。新規開発プロジェクトの段階から持続可能性を獲得するための“仕込み”が必要です。新規開発プロジェクトにおけるアーキテクトのタスクは、第１章から第４章にまとめています。

もちろん、限られた時間、費用、スキルなどの制約からリリースまでに潜在的なリスクを全て潰すことは不可能です。そこで保守運用工程に入ってからリスクが顕在化する前に手を打つことを主眼としたアーキテクチャー改善策などのノウハウを第５章で解説します。さらに第６章では、システムが寿命を迎えた際の再構築時の留意点と全体をまとめています。第１章から第６章までは、IT アーキテクトのタスクを、成果物の観点から解説しています。

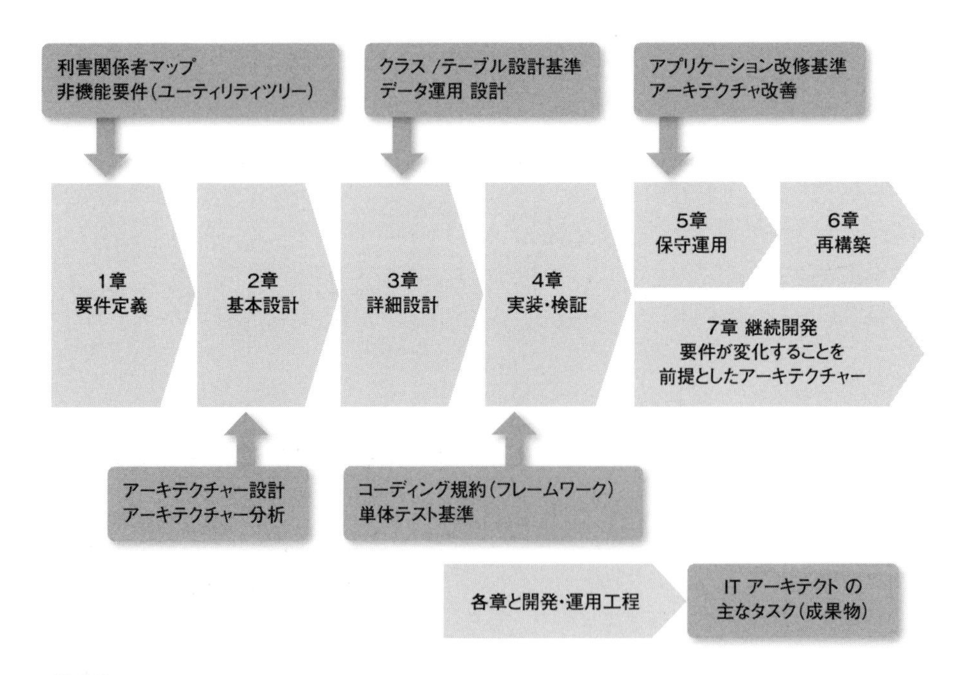

図　ITアーキテクトのタスクと各章のマッピング

誰もが目を背けたがる現実を直視する

IT アーキテクトがIT システムの「アーキテクチャーを設計する」というタスクを担うことに異論はないでしょう。重要なのは、その設計の背後にある「どんな問題を解いているのか」という点です。実際の現場で繰り返される悩みや課題が生じる原因を理解することはより良いアーキテクチャーを設計するための出発点となります。

IT アーキテクトには、ハードウエアなどインフラ技術への深い理解が必要です。しかしそれだけでは十分ではありません。何よりも重要なのは、誰もが目を背けたがる現実を直視することです。例えば、設計書とソースコードの不完全な多重メンテナンスや、ソースコードの実態とコメントの不整合は、アプリケーションの保守を困難にする要因であり時間の経過と共に状況は悪化します。そうした課題を直視し、答えを見つけるという不退転の志が、アーキテクチャー設計力を向上させます。そして失敗を恐れず失敗から学ぶ姿勢で精進を続ければ、これまでトレードオフとして諦めていた「アーキテクチャーの壁」をブレークスルーする道が見えてくるでしょう。

計算装置（CPU）や記憶装置（メモリー）のこれまでにない進化によって、新たな前提の上にIT アーキテクチャーをゼロから考え直す好機に我々は遭遇しています。この好機を生かすには、ビジネス視点を持つことです。IT で解ける問題だけを解くという待ちの姿勢ではなく、ビジネス上の課題を解くという能動的な立ち位置からIT が貢献できる可能性を自ら見出すのです。

IT による解決能力が向上すれば、これまでできない理由を並べて逃げていた高度な要求にも挑戦したくなるはずです。そして経験を積み重ねることで問題解決能力に磨きがかかり、ビジネスへの貢献度が高まり、IT が貢献できる適用領域も広がるといった好循環を生みます。本書がその好循環のきっかけになれば幸いです。

第1章

利害関係者マップと初期アーキテクチャー

1-1 ■要件定義（ビジネス視点）

1-2 ■要件定義（システム視点）

1-1 要件定義（ビジネス視点）

ITアーキテクトは何をする？ 要件定義で作る五つの文書

アーキテクチャーとはもともと建築の言葉で、建造物やその構造、あるいはそれらを建てることなどを意味します。では、「ITアーキテクチャー」という言葉から何を連想するでしょうか。その答えは情報システムに関わってきた立場や経験の深さなどにより、さまざまな答えが返ってくるものと予想しています。それだけITアーキテクチャーとは曖昧な言葉で、それを生み出す「ITアーキテクト」も曖昧で何をするのか分かりづらい役割です。

本書では、ITアーキテクチャーやITアーキテクトを明確に定義しようとはしません。しかし、情報システムにはITアーキテクチャーが存在し、それを生み出し、維持するためにITアーキテクトが必要という前提に立ち、ITアーキテクトは何をすればいいのかを明らかにしていくことを目的としています。

ITアーキテクトを自認するエンジニアは、「ITアーキテクトのタスクは定義できるようなものではない」と指摘するかもしれません。しかし、それではITアーキテクトを養成することは不可能だと言っているようなものです。ITアーキテクトが重要な役割を担っているのだとしたら、ITアーキテクトが何を考え、何をしているのかを明らかにしていくことが必要です。

表1-1 V字開発モデルで整理した、ITアーキテクトのすべきこと

開発フェーズ	ITアーキテクトのすべきこと	課題
要件定義（ビジネス視点）	アーキテクチャー設計に必要な情報の収集	視野が狭くなりやすいことと、要求が断片的であること
要件定義（システム視点）	非機能要件定義と初期アーキテクチャーの構築	要件が曖昧なこと
基本設計（アーキテクチャー設計）	依存関係の整理と、費用対効果を最大にする戦略の策定	要件待ちになりやすく、設計が進まないこと
基本設計（アーキテクチャー分析）	トレードオフとリスク分析	性能面の対策と開発量の増加に対応すること
詳細設計	指向の統一と、変化頻度の仕分け方の確立	“正”の仕様を管理することと、機能横断的な要件をまとめること
実装	アーキテクチャー維持に不可欠な汎用部品の提供	労働集約的で、複雑な道具を使わなければならないこと

V 字開発モデルに沿って考えていく

そこで本書では、筆者のこれまでの経験に基づいて「IT アーキテクトのタスク」を説明していきます。分かりやすく伝えるには読者と筆者の間で共有できるフレームが必要です。そのために、システム開発で一般的な「V 字開発モデル」に沿うことにします。

本書は 4-1 までが、V 字開発モデルの前半に当たる、要件定義・基本設計・詳細設計・実装を対象にします。もちろん、IT アーキテクトの役割が実装フェーズで終わるわけではありません。検証や運用・保守フェーズにも重要な役割があります。これらは 4-2 以降で詳しく解説します。**表 1-1** には、要件定義から実装までの各フェーズで、IT アーキテクトのすべきことと課題をまとめました。今読んでも分かりづらいかもしれませんが、順を追って説明しますので安心してください。

IT アーキテクトの役割を説明する前に、明らかにしておきたいことがあります。それはプロジェクトマネジャーやチームリーダーとの違いです。少々乱暴な

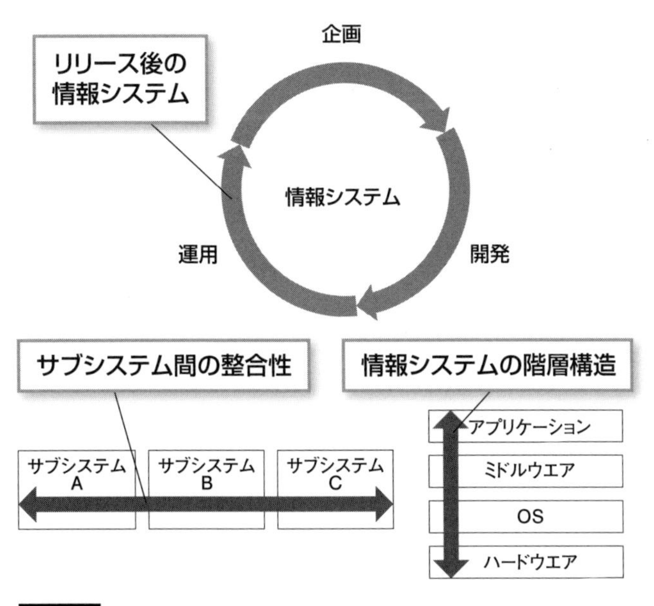

図 1-1 ITアーキテクトが責任を持つもの

整理になりますが、プロジェクトマネジャーが情報システムをリリースするまでの「プロジェクト」に責任を持つ一方、IT アーキテクトはリリース後に残る「プロダクト（＝情報システム）」に責任を持つといえます。

チームリーダーは、システム開発プロジェクトではサブシステムに責任を持ちます。IT アーキテクトはサブシステム横断で全体最適やサブシステム間の整合性を保つ責務を担います。また、ハードウエアからアプリケーション、アプリケーション内部のモジュールまで通して最適化し、システムのライフサイクル全般に責任を持つエンジニアです（前ページの**図 1-1**）。

以上、本書の狙いと全容を概観しました。ここからは IT アーキテクトのタスクを説明します。要件定義フェーズを「ビジネス視点」と「システム視点」に分け、1-1 ではビジネス視点に関して説明します。

アーキテクチャー設計の準備段階で作る文書

IT アーキテクトは要件定義フェーズでは何をしているのでしょうか。本格的な IT アーキテクチャーの設計は基本設計フェーズで行い、要件定義フェーズではその原型となる「初期アーキテクチャー」を作ります。初期アーキテクチャーを作る話は「システム視点の要件定義」として 1-2 で行い、ここではその準備に当たります。準備として求められるのは、「アーキテクチャー設計に必要な情報を引き出すこと」。これが、ビジネス視点の要件定義における IT アーキテクトのタスクです。

アーキテクチャー設計に必要な情報とは「ビジネス上のビジョン」と「システム化対象のドメイン分析結果」です。それらは具体的には、次の五つの成果物として作成します。

(1) Vision Document

ビジネス上の「重要なポイント」とシステム化の「制約」を記載した文書

(2) 利害関係者マップ

システムに関わる利害関係者・組織とそれぞれの主要な関心事を整理した文書

(3) 概念機能モデル図

システム利用者と主要な機能の関わりを示した文書

(4) 概念データモデル図

主要なデータの関わりを示した文書

(5) 用語集（辞書）

用語と意味をマッピングし、接尾語を整理した文書

(1) がビジネス上のビジョンを表した文書で、残りはシステム化対象のドメイン分析結果になります。順番に見ていきましょう。

基本的な判断基準となる「Vision Document」

システム化はそもそも手段であり、ビジネス活動を支える目的があってこそ意味をなします。つまり「なぜシステムを作るのか(Why)」「何を作るのか(What)」を分析したり定義したりせずにシステムを作っても意味がありません。ところがITエンジニアはついついシステムを「どう作るか (How)」という視点で見がちです。作ることが目的になると、いとも簡単に手段と目的が逆転してしまいます。

WhyとWhatを明確にするには、システム化の背景にあるビジネス上のビジョンを明確にすることです。それをまとめたものが「Vision Document」になります。ITアーキテクトは後の工程でさまざまな判断をしていきますが、そのときの判断の最も基本的な基準としてビジョンが位置付けられます。

Vision Documentに書くべきことは二つあります。一つはビジネス視点で見た「重要なポイント」。例えば「ビジネスオペレーションの状況をリアルタイムに把握し、迅速な経営判断ができること」といったことです。もう一つは法規制などビジネス上の「制約」です。例えば「システムダウンによる取引停止が発生した場合には違約金が発生する」「データ鮮度の差による機会ロスをゼロにする」などです。

一般に「システム化計画書」や「RFP (Request For Proposal)」と呼ばれる文書にビジネス上のビジョンが書かれていることが多いものですが、システム化ありきの計画では、システム化という手段をなぜ取ったのかという情報が抜けていることがあります。そうしたケースでは、ITアーキテクトがシステム化の背景を探り、ビジネス上のビジョンを明らかにします。

システム化の背景や目的などが明文化されていない場合、システムを設計する立場からではなく、事業体（ビジネス）の立場に立ち、「何のためにシステムを作るのか」「このシステムのビジネス上の狙いは何か」「システムが生み出す価値

は何か」を考え、システム化計画書やRFPなどの資料を読みます。ビジネス視点に立ってそうした資料を読んでも答えが見つからないなら仮説を立て、その仮説の中で「重要なポイント」と「制約」をVision Documentに記載します。Vision Document以外の成果物を作成する段階で関係者にヒアリングする際、ここで立てた仮説を検証し、適宜「重要なポイント」と「制約」の精度を高めていけばいいのです。

なお、ヒアリング対象者により「重要なポイント」が異なる場合がありますが、Vision Documentに記載するものは、利害関係者（ステークホルダー）ごとのビジョンではなく、あくまで一つの事業体としてのビジョンです。重要なポイントは複数あってもいいのですが、異なる利害関係者の異なるビジョンの集約とならないように注意しないといけません。

ビジネス上の「制約」は個別業務に精通した現場でないと認識できないことがあるので注意が必要です。ビジネス上の壁の存在に十分留意し、そうした「制約」があれば漏れなく記載します。

対象の全体感をつかんで漏れ・矛盾を見いだす

システム化の背景にあるビジョンを明らかにできたら、次はシステム化対象の「ドメイン分析」を実施します。ドメインとは「領域」「範囲」などの意味で、ここではシステム化対象となるビジネスや業務のことです。例えば、会計、人事、営業、仕入れ、製造、販売、などがドメインに該当します。システム構築前の段階ではどこまでシステム化（機能を実装）するか決まっていません。システムとその利用者の境界線は曖昧なので、ここでのドメインは境界線と関わりのある外側も含めた領域のことを指します。

ドメイン分析とはつまり、今回の対象範囲を理解すること。これを実施する狙いは、（要件定義のインプットとなる）要求仕様の漏れや矛盾、実現可能性などを見いだすことです。細かいレベルで捉えるのではなく、抽象度は高くてもよいので、ドメインの全体をつかむことがポイントです。ここでの成果物を基に各担当者の要件定義の範囲を設定すれば、“ポテンヒット”となるような漏れを防ぐことができます。

立場が違えば利害は異なる、その全体像を示す

ビジネス上のビジョンは（利害関係者ごとのビジョンではなく）一つの事業体としてのビジョンであることが重要だと説明しました。ですが、情報システムにはさまざまな利害関係者がいて、その利害は対立していることが少なくありません。この利害の対立を認識しておかないと、ある利害関係者から見たら受け入れられない要件であった、ということになりかねません。ドメインを理解するには、情報システムを取り巻く利害関係者を押さえておかねばなりません。それをまとめたものが「利害関係者マップ」です。

発注側企業内部だけを見ても、複数の利害関係者がいます。同じ企業に勤めていればその企業価値を最大化するビジネス上のビジョンについて、利害の対立など無いと思うかもしれません。しかし、そこに組織の論理が入ると話はややこしくなります。例えば、企画部門はIT活用による売り上げを最大化するためにシステムに多くの機能を求め、IT部門はコストを重視し、運用部門はオペレーション負荷を最小限にしたいという具合です。

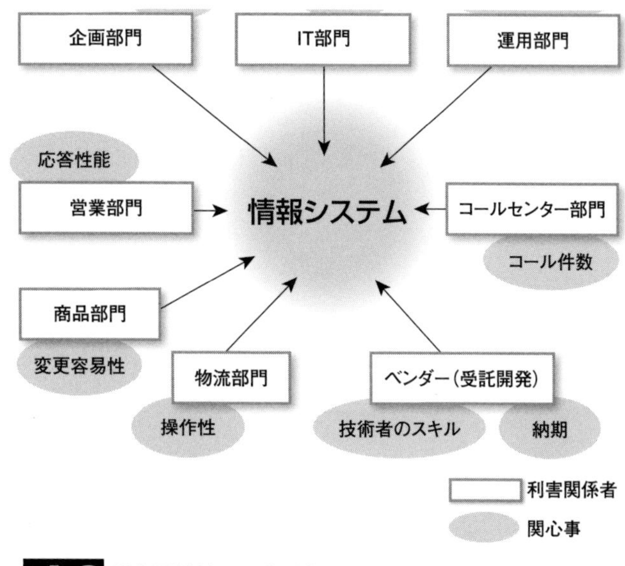

図1-2 利害関係者マップの例

こうした状態では、すべての要求を同時に満たすことは難しくなります。要件定義の際、御用聞き的な受け身の姿勢で要求を聞いていると、利害の対立による難しさを認識する時期が遅れ、深い議論と検討がされなくなります。その結果、「声の大きい人が勝つ」「財布を持っている人が強い」などの非論理的な理由から要件が決まっていくことになります。そうならないために、利害関係者マップを作成して利害の対立構造を把握し、それを「全体の要件」にまとめることが必要です。その方法は1-2で説明しますので、ここではマップの作成手順について説明します。

ワークショップを開いて関心事を聞き出す

利害関係者マップを作成する際、情報システムを中心に利害が対立しやすい関係を対向に配置すると、視点の偏りや不足に気付きやすくなります。例えば、システム開発を外部組織に委託することが決まっている場合、発注者側は発注コストをできるだけ抑えたいと考える一方で、受注側はできるだけ受注額を大きくしたいと考えるものです。このように利害が対立する関係を対向に配置します。

利害の対立は主要な関心事が異なるために生じます。関心事とは字のごとく、利害関係者の関心のある事柄です。システムに対する立場が変われば主要な関心事に違いがあり、関心事が共通であっても優先順位は異なるものです。利害関係者マップには利害関係者だけでなく、それぞれの主要な関心事を付記します。利害関係者が複数の主要な関心事を持っていれば、それらをすべて列挙します（前ページの**図1-2**）。

利害関係者ごとの関心事が明らかにされていない場合、利害関係者が一堂に会するワークショップを開催し、そこで関心事を見極める方法があります。それぞれの立場でシステムに対して期待することを語ってもらい、相互理解を深めると同時に、対立する利害を読み取っていきます。

ここで役立つ手法に「Quality Attribute Workshop（QAW）」があります。QAWとは、利害関係者がシステムに求める「Quality（品質）」をできるだけ早い段階で明らかにすることを主眼とした方法です。具体的には、システムの利用部門の人が、重要と思う品質を定量評価可能なシナリオで表現し、その重要度に基づいて優先順位づけします。これをすべての利害関係者でブレーンストーミングし、キーとなる品質属性を見いだしていきます。ITアーキテクトはQAWにおいてファシリテーターの役割を担います。

ワークショップの開催が不可能な場合、個別に利害関係者にヒアリングします。その際「主要な関心事は何ですか？」といったオープンクエスチョンが基本になりますが、それで引き出せない場合は、質問の幅を狭めてQCDの観点から関心事を引き出します。特に品質は、バグの有無に関する品質、応答性能、データ量が増えても性能を維持し続ける拡張性、機能要求の変化に対応しやすい変更容易性など、さまざまな品質特性があります。こうした品質特性を軸にして、主要な関心事を引き出します。

多くの視点を持つことでドメインの理解が進む

ドメインの利害関係者を洗い出したら、次はドメインそのものをモデル図で表します。

モデリング手法には大きく2種類あります。時間軸の中での動きを表現する「動的モデリング」と、時間の流れなどを表現しない鳥瞰図的な「静的モデリング」です。前者を使った図は例えば業務フローが該当し、特定の切り口から一連の作業の流れを表現したものになります。この手法は特定の範囲を表すのに向いており、全体を表すのに向いていません。ここではドメイン全体を表すことがポイントなので、後者の静的モデリングの手法を用います。

静的モデリングの手法を用いて作成するのは、ドメインを機能視点で表した「概念機能モデル図」と、データ視点で表した「概念データモデル図」です。ここで「概念」としているのは、概念的なレベルという意味です。この段階ではRFPなどがあるだけで、まだ要件定義すら実施していません。ですので、精緻なものではなく粗いものでいいのです。

なぜ機能とデータのモデル図を作成するのでしょうか。それは、ITアーキテクトはさまざまな視点で見ることが求められるからです。こちらから見るとうまくいくことが、反対から見るとうまくいかない。こうした場合、情報システムとして実現できなかったり、運用し始めたら矛盾があったりといったことにつながります。モノごとをある視点から捉えた場合、逆の視点からも捉え直すことで、モノごとの本質や解くべき本質的課題が明らかになります。ITアーキテクトは可能な限りさまざまな視点を持たねばなりません。

機能の土台にデータが存在するという上下関係で考えれば、概念機能モデル図はトップダウンビューであり、概念データモデル図はボトムアップビューという関係になります。また、システムの利用者が目に見えるモノと見えないモノで区別すれば、概念機能モデル図は外部ビュー、概念データモデル図は内部ビューという関係になります。

機能とデータを一つの図で表すことができればモデル図は一つで済みますが、この二つは分けて描きます。どちらかだけではドメイン全体の見通しが悪いからです。概念機能モデル図は機能を鳥瞰図として表したもので、そこに示した機能は互いに独立して表現されているものの、データは複数の機能が共有することが多いものです。例えば売上照会機能は、受注機能から投入された注文データを使うという関係です。そのような機能間のデータ的な関連を一つのビューに押し込

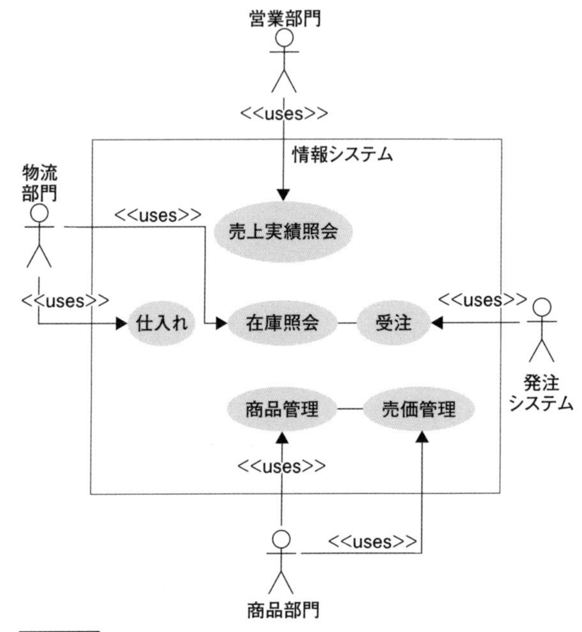

図1-3 概念機能モデル図の例

めると、鳥瞰図の見通しが悪くなります。そこで、機能視点のモデル図だけでなく、データ視点のモデル図も作成します。

要求仕様には漏れ・矛盾があるもの

二つのモデル図の作り方を説明しましょう。まずは概念機能モデル図です。これは表記法としてユースケース図を使うと描きやすくなります。利害関係者マップの中から実際にシステムを使う利用者を抽出し、概念機能モデル図にアクターとして登場させます。利害関係者マップには利用者の主要な関心事が付記されているので、その関心事と関わりの深いシステム機能を楕円で表し、アクターとの関連を示します。一つのアクターが複数の機能と関連しても構いません。ここで重要な点は、システムの利用者と主要な関心事に直結する機能の関連を表現することです。

利害関係者マップから概念機能モデル図を作成する段階で、他のシステムを新たなアクターとして認識することがあるかもしれません。つまり、主要な機能の鳥瞰図を書こうとすると、システム間連携機能を認識するということです。この場合、新たなアクターとして連携する他のシステムも概念機能モデル図に記載します。**図 1-3** は、図 1-2 で表現した利害関係者マップから作成した概念機能モデ

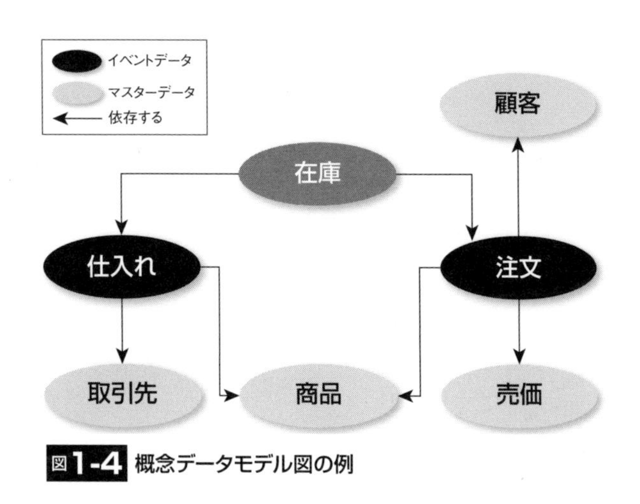

図 1-4 概念データモデル図の例

ル図 (抜粋) です。図 1-3 には、図 1-2 の利害関係者マップには存在しなかった「発注システム」を新たなアクターとして描いています。

次は概念データモデル図の作り方です。このとき参照するのはシステム化計画書や RFP に書かれている要求仕様です。そこに登場するデータを抽出して関係あるものを線で結んでいきます（前ページの**図 1-4**)。その際、データの種類として、機能と結びついた「イベントデータ」と、機能とは独立した存在の「マスターデータ」を考えます。要求仕様はシステムに提供してほしい機能視点でまとめられていることが多いので、そこに登場するのは「仕入れ」や「注文」などのイベントデータが中心になります。「顧客」「取引先」「商品」などのマスターデータは漏れがあるものです。

概念機能モデル図も概念データモデル図も、漏れがあると考えるべきです。そこでこの二つの図を作成したら、可能な範囲で何が抜けているのかを考えます。「売り上げ」を例にしてみましょう。「売り上げ」は、「注文」データに「売価」と「税」という二つのマスターデータを掛け合わせることで導出できます。「売価」と「税」はどちらも変動しますので、それぞれの「管理機能」が必要だと判断できます。売価を決めるのは営業部門の主要な業務だとすると、おそらく概念機能モデル図に「売価管理機能」と明記されていることでしょう。一方で、税率管理を主要業務にしている部署がなければ、「税率管理機能」は概念機能モデル図に存在しないことが十分に考えられます。こういった暗黙の要求仕様を明らかにしていくことで、漏れや矛盾などを見いだします。

「言葉」の統一は重要、一意に解釈できるものを作成

ドメインを理解するには、そのドメイン特有の用語の意味を正確にとらえ、用語と意味のマッピング表を作成することが必要です。同じことを指しながら、立場が変わると異なる用語を使うことがあるからです。例えば注文伝票を扱う業務を考えてみます。注文を出す側に立てば「発注」であり、注文を受ける側の立場では「受注」となります。このように同じ「注文」であるにもかかわらず、立場が異なれば違う言葉を使っているものです。もう一つ別の例を挙げます。契約とは、顧客と、提供する価値の間に成り立つ関係を指します。ですが、契約締結業務を実施する立場からすると、契約の属性として顧客を捉え、契約マスターに顧客が

含まれるなどという言い方をすることがあります。

用語集（辞書）は、現場で使われる言葉の単なる一覧表ではありません。言葉の裏にある本質的な意味を見いだし、冗長な言葉づかいがあれば本質的な意味に統一した一覧表です。ここでいう本質的な意味とは、どの現場でも意味が通じる言葉です。つまり、特定の視点による偏りがなく、さまざまな立場の人が一意に解釈できる言葉です。

この用語集には、用語と意味のマッピング表のほかに、不特定多数の用語に適用可能な接尾語をまとめます。例えば「顧客名」といった用語が登録されていれば、接尾語は「名」になります。この「名」の場合、「名称」「名前」などバリエーションが出ないように、また、漢字名・カタカナ名・かな名などの違いを表現する必要がある場合には、どういった選択肢があるのかを整理し、用語集にて管理します。

また、この接尾語の統一を通して「コード」や「ID」といった、システム上よく使う言葉の意味の違いを明らかにします。例えば、顧客が認識する文字列のことを「コード」と呼び、システム内部で利用するユニーク性を担保するためだけの情報を「ID」と呼ぶといった具合です。

この用語集は、できるだけ早い段階で作成しておくべきです。利害関係者にヒアリングする前にあった方がよく、少なくとも概念機能モデル図・概念データモデル図の作成前には用意してください。

まとめ

- システム化の背景となるビジョンを「Vision Document」にまとめ、判断する際の基準に使う。
- 対象システムの「利害関係者マップ」を作成し、対立する利害を押さえておく。
- ドメイン全体を「機能」と「データ」の二つの視点でまとめる。さまざまな視点で捉えることが大事。

1-2 要件定義（システム視点）

非機能要件を洗い出し初期アーキテクチャー作成

ITアーキテクトのタスクを成果物を通して解説しています。システム開発のV字モデルに沿って説明し、1-1では要件定義フェーズをビジネス視点で見ました。「アーキテクチャー設計に必要な情報を引き出すこと」。これがITアーキテクトのタスクで、ITアーキテクトが作成する五つの成果物（Vision Document、利害関係者マップ、概念機能モデル図、概念データモデル図、用語集）を説明しました。

1-2では要件定義フェーズをシステム視点で見ることにします。その視点で見た場合、ITアーキテクトのタスクは大きく二つあります。

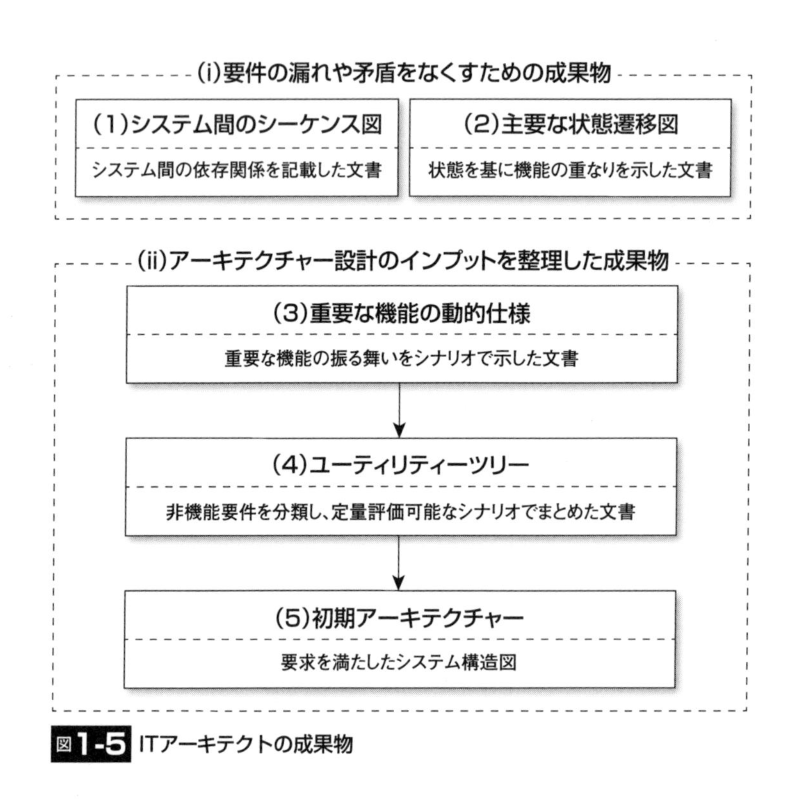

図1-5 ITアーキテクトの成果物

要件定義作業そのものは各担当エンジニアが実施することになりますが、ITアーキテクトはそれらの作業に漏れや矛盾などが起こらないようにしなければなりません。これがITアーキテクトの一つ目のタスクです。このタスクのために作成する成果物は、「(1) システム間のシーケンス図」と「(2) 主要な状態遷移図」です（**図1-5**上）。

ITアーキテクトの二つ目のタスクは、アーキテクチャー設計のインプットとなる情報を整理することです。本格的なアーキテクチャー設計は基本設計フェーズで行いますが、その原型を要件定義フェーズの最終成果物として作成します。そのために非機能要件に注目し、それらを整理したものとして「(3) 重要な機能の動的仕様」と「(4) ユーティリティーツリー」を作成し、アーキテクチャーの原型として「(5) 初期アーキテクチャー」を作ります（図1-5下）。

要件定義では四つのモデル図を作成

一つ目のタスクから説明していきます。前回、システム化対象のドメイン分析

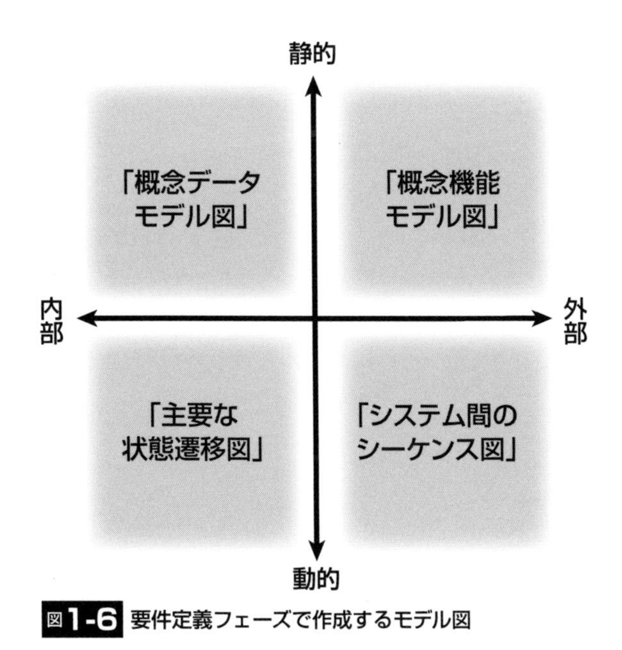

図1-6 要件定義フェーズで作成するモデル図

を行い、概念機能モデル図と概念データモデル図を説明しました。全体をつかむには静的モデリングが有効ですが、静的モデリングではシステムの振る舞いが表現されません。そこで、機能要求を詳細に分析する必要がある箇所にズームインし、振る舞いを表現するために動的モデリングを行います。

要件定義フェーズでは「四象限モデリング」を実施するとよいでしょう。四象限モデリングとは、「静的／動的」「外部／内部」の二つの軸で表される四つの象限それぞれに当てはまるモデル図を作成することです（前ページの**図 1-6**）。1-1で説明した概念機能モデル図は四象限の静的外部に、概念データモデル図は静的内部に該当します。ここで作成する「システム間のシーケンス図」は動的外部に当たります。これは、システム間の依存関係を明確にし、準正常／異常系の考慮漏れを抑止するために作成します。「主要な状態遷移図」は動的内部に該当します。システム内の機能の依存関係を押さえ、要件定義の作業漏れなどをなくすために作成します。

以下、「システム間のシーケンス図」「主要な状態遷移図」を順番に説明します。

(1) システム間のシーケンス図

システムを外部から動的に見た場合、ズームインすべき箇所はどこでしょうか。外部からということは、システムと利用者の接点と、システム間の連携箇所が対象になります。このうち前者は要件定義フェーズや基本設計フェーズで担当エンジニアが詳しく検討します。IT アーキテクトが検討すべきなのは、後者のシステム間連携になります。これは利害関係者から要求として出されることが少ないので、要件定義フェーズの検討から漏れがちです。しかし、システム間連携にはアーキテクチャー上のリスクが潜んでいます。それを早い段階で見いださねばなりません。

企業システムを考えた場合、既存システムと全く連携しないケースはほとんどないでしょう。新システムを構築する場合、何らかの形で既存システムと連携するはずです。その場合、どのように連携するかは、これから検討するシステムだけで決めることができません。既存システムのインタフェースがどのようになっているのかに依存し、場合によっては既存システム側に連携インタフェースを実装してもらった方がいいかもしれません。つまり、システム間の境界線が決まっていない状況なのです。これでは、開発ボリュームが確定しないだけでなく、システム間連携の認識のそごや性能問題などのリスクが潜むことになります。

ITアーキテクトは、システム化対象となっているシステムの境界線を明らかにしなければなりません。その際に作成するのが「システム間のシーケンス図」です。シーケンス図はその名が示す通り、手続きの順序を記述した図です。システム間連携がオンライン手続きの場合だけでなく、バッチ処理で一括してデータを送受信する場合でも、細かな処理順序が内在しています。それを検討するのです。

図1-7に、システム間のシーケンス図の例を示しました。これは1-1の概念機能モデル図で示した「受注」機能と、既存システムである「発注システム」のやり取り（シーケンス）を示したものです。発注システムに備わるインタフェースに基づいて作成したもので、発注システムが新システムに顧客IDを伴って発注処理を依頼し、新システムがそれを受けて注文IDを応答するという流れになることを示しています。

ここでポイントとなるのは、異常系の流れを確認しておくことです。なぜ異常系に注目するのでしょうか。それは開発対象となるアプリケーションのボリュームを大きく左右するからです。実際に開発に携わっている方ならお分かりだと思

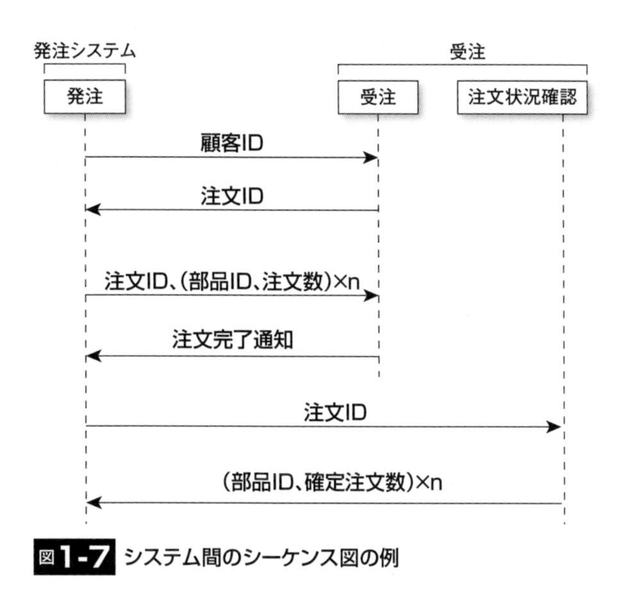

図1-7 システム間のシーケンス図の例

いますが、アプリケーションのボリュームは、正常系よりも異常系（または準正常系。ある条件がそろったときの流れ）の部分の方が大きいものです。正常系よりも異常系の方が設計にも実装にも時間がかかるので、異常系をしっかり検討していないと、データの不整合が生じてサービスレベルが低下したり、運用のオペレーション負荷が重くなったりしてしまいます。

図 1-7 のシーケンス図では、注文を受け付けた後に通信障害が発生した際、発注システムから注文状況を問い合わせることを想定しています。具体的には、図 1-7 下のシーケンスがそれを示しています。つまり、異常が発生しても、新システムが起点となって発注システムに状況を伝えることはしない、ということです。こうしたことを押さえておかねばなりません。

また、新システムで利用する技術やソフトはこれから検討しますが、既存システム側は既に作られているので変えることができません。システム間連携における既存システムのインタフェース技術は、新システムの要件になるのです。ですので早いと思われるかもしれませんが、連携インタフェースの実装技術やプロトコルに関してはこの段階で検討しておくことをお薦めします。

FTP のように標準化された通信手続きではなく、TCP や HTTP などの汎用的な転送プロトコル上に、アプリケーションレベルでオンライン処理シーケンスを組み立てることも少なくありません。このような場合、「どちら側からの起動で通信を確立するのか」「それぞれの電文でどんな情報を送るのか」「通信エラーが起こった場合、リカバリーはどのステップから行うのか」などを規定する必要があります。

また、通信経路上にファイアウォールなどのノードが存在する場合、トラフィックが上昇すると経路上でパケット破棄が発生することが考えられるし、通信ソフトウエアには潜在的な不具合が存在すると想定しておくべきです。こういった準正常系 / 異常系のシステムの挙動を分析する際にもシーケンス図を用い、問題の発生源をリスクとしてつかんでおきます。

(2) 主要な状態遷移図

システムを外部から見たら、次はシステム内部に目を向けます。個別機能の要件定義は各担当エンジニアが行っているはずです。IT アーキテクトが目を配るべき箇所は、担当エンジニアに作業を割り振ったとき、漏れや矛盾となりやすい箇所です。それは、機能と機能の接点です。担当エンジニア間の“ポテンヒット”が発生しないように、またそれぞれの担当者が独立して作業を進めても全体の整合性が崩れないように、機能と機能が出合う箇所の仕様を先行して決めることがポイントです。

機能と機能の接点はどのように見いだせばいいでしょうか。そこで役立つのが「機能の状態」で、作成するのは「主要な状態遷移図」です。実物を見てもらった方が分かりやすいでしょう。**図 1-8** は「仕入れ」機能（図左側）と「注文受け付け」機能（図右側）が重なっているところを示した状態遷移図です。矩形で示しているのが状態。注文受け付け機能が「注文確定」状態になるには、注文受け付け機能が「注文受領」状態になり、仕入れ機能が「仕入れ完了」状態になることが条件です。一般に機能には複数の状態があり、それが遷移していきます。

こういう状況を「機能が重なっている」（図の場合、仕入れ機能と注文受け付け機能が重なっている）といいます。機能が重なっていると、機能間に依存関係

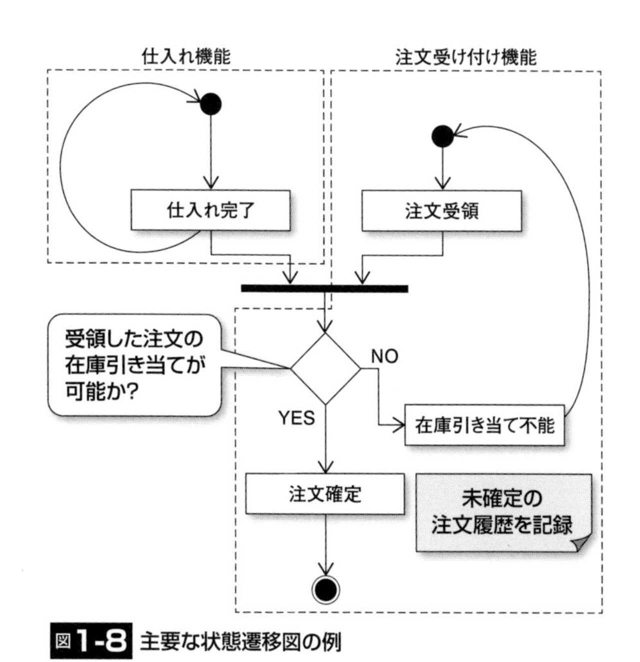

図1-8 主要な状態遷移図の例

が生じます。例えば、注文時点で在庫がない場合は注文を確定させないのか、それとも仕入れ可能な商品であれば注文を確定させるのか、といったことを決めなければなりません。個別機能の検討は各担当エンジニアに任せ、ITアーキテクトはこうした考慮漏れが発生しないように配慮します。

要求を取り入れたアーキテクチャーを作成

ITアーキテクトの二つ目のタスクは、「ITアーキテクチャー設計のインプットとなる情報を整理すること」と説明しました。このタスクに説明を移します。ゴールは、システムアーキテクチャーの原型となる「初期アーキテクチャー」を作成することです。なぜ、要件定義フェーズで初期アーキテクチャーを作成するのでしょうか。そもそも初期アーキテクチャーとは何でしょうか。

初期アーキテクチャーとは、ITアーキテクトが利害関係者の要求を聞いたうえで作成した、頭の中に描いている青写真にすぎません。大雑把なシステム構成であることが多く、精緻なものではありません。それを作成する理由は大きく二つあります。

一つは、要求を正しく理解しているかどうかを、利害関係者に確認してもらうためです。この後のフェーズで要件の詳細を詰めていくと、ある利害関係者の関心事を満たせなくなるかもしれません。基本設計で作成する本格的なアーキテクチャーでたとえそうなったとしても、それは最初から受け入れなかったのではなく、詳細に設計していく際にそうせざるを得なかったと納得してもらうためです。「要求を出したのに受け入れられなかった」という負の感情を生み出さないように、要求を取り入れたアーキテクチャーを「初期段階のもの」として作成するのです。

もう一つの理由は、設計の方向性への賛同を得ることで、利害関係者が自ら設計に参加したという認識を持ってもらうことです。当事者意識を生み出すということですね。

では、初期アーキテクチャーはどのようにして作成すればいいのでしょうか。この段階では要件を詳細に分析できていませんが、当てずっぽうで作るわけにはいきません。まず理解しなければならないのは、アーキテクチャーは主に非機能要件から決まるということです。ですので、システム化対象の重要な非機構要件を洗い出します。それをまとめた文書が「ユーティリティーツリー」です。

非機能要件を洗い出すには機能要件も見る必要がありますが、そのすべてを検討対象にしていてはいくら時間があっても足りません。そこで、ビジネス上の重要な機能（1-1 の Vision Document に記載した「ビジネス上の重要なポイント」）に絞ってシステムの振る舞いを検討し、その振る舞いから非機能要件を見いだします。その際に作成するのが、シナリオ形式で示した「重要な機能の動的仕様」です。

ここまでの流れを作成する順番に整理すると次のようになります。「(3) 重要な機能の動的仕様」をまとめ、そのシナリオなどから「(4) ユーティリティーツリー」として非機能要件を洗い出し、それを基に「(5) 初期アーキテクチャー」を作成します。

以下はこの流れに沿って、IT アーキテクトのやるべきことを説明します。

(3) 重要な機能の動的仕様

初期アーキテクチャーを作成するには、システム化対象の重要な機能がどのような振る舞いをするかを押さえておく必要があります。それを示したのが「重要な機能の動的仕様」で、ユースケースシナリオの形式で記述します（**図 1-9**）。重要な機能とは、1-1 で説明した Vision Document に記載した「重要なポイント」

機能名	受注
トリガー	発注システム（外部システム）から注文要求
前提条件	システム間の通信が可能で、注文受け付け可能な状態であること
主シナリオ	1．発注システムが注文を送付する 2．受注機能が在庫を確認後、注文を確定する 3．注文システムへ注文完了を返信する
代替シナリオ	2'. 在庫が足りない場合、注文を確定せず「在庫不足注文」と記録する
	3'. どの商品が在庫不足であったかを返信する（部分確定はしない）
事後条件	注文内の全商品が在庫引き当てが可能であれば、注文を確定する
例外シナリオ	返信する前に発注システムとの通信が途絶えた場合、エラーを記録する

図 1-9 重要な機能の動的仕様の例

が該当します。重要な機能の動的仕様は、利用者（や外部システム）視点でシステムの挙動を自然言語でつづったものです。何を契機にその挙動がスタートするか（図 1-9 のトリガー）、その挙動がスタートする条件（同、前提条件）、正常系の挙動（同、主シナリオ）などを列挙します。自然言語で表現していますので、分かりやすいというメリットがあります。

シナリオをどこまで精緻に書くかはプロジェクトの判断によるところが大きいと思いますが、この段階では初期アーキテクチャーの作成に必要なシナリオに限定していますので、可能な限り正確に記載します。

(4) ユーティリティーツリー

先述したようにアーキテクチャーは主に非機能要件から決まりますので、主要な非機能要件を漏れなく整理する必要があります。主要な非機能要件を漏れなく整理する際に役立つのは、1-1 で作成した「利害関係者マップ」です。ここには全利害関係者と、各利害関係者の主要な関心事が書き込まれています。例えば、運用部門はオペレーション負荷が主要な関心事で、営業部門は応答性能が主要な関心事になることがあります。こうした非機能要件に関するものを抽出します。

注意が必要なのは、機能要件の中に非機能要件が隠されていることです。それを見つけるために使うのが (3) 重要な機能の動的仕様です。この文書を読み取ってレスポンスやデータ量などの非機能要件を見いだします。

非機能要件を記述する際のポイントは、定量的に評価できるようにすることです。定量的に示していなければ、テスト段階やシステムの稼働後に、「動くけど遅くて使いものにならない」「データ量が増えると極端に遅くなった」などの不満が生じかねません。「遅い」とか「データが増える」といった曖昧な言葉は人によって捉え方が異なります。定量評価できるようにするには、曖昧な記述を避け、「何ミリ秒以内に何％の確率で応答する」などの基準や、「ピーク時間帯でも秒間何件以上処理する」といった条件を明記します。

非機能要件の整理では、「ユーティリティーツリー」を用います（**図 1-10**）。ここでのユーティリティーとは、システムの「品質を構成する要素」のことであり、パフォーマンス、スケーラビリティー、アベイラビリティー、セキュリティ、変更容易性、使いやすさなどの品質特性を指します。このさまざまな品質特性をさらに「関心事（Concern）」で枝分かれした木構造（Tree）とし、それぞれに満たすべきゴールを「品質特性シナリオ」として記述します。

これは定量評価可能な形式で書いたものです。例えば、「ピーク時であっても注文トランザクションは500ミリ秒以内で応答すること」「注文や仕入れ実績は、1秒以内に他の機能で使える（参照できる）こと」といった書き方をします。

実際には、利害関係者がそれぞれの関心事を定量評価可能な要件として記述（＝品質特性シナリオ）し、それをブレーンストーミング形式で統廃合したりブラッシュアップしたりして、非機能的観点での全体の要件を整理します。この際、品質特性シナリオが適用される際の前提条件と期待される結果（システムによる応答）が明らかになるように留意します。

1-1で、利害関係者マップを作成して利害の対立構造を把握し、それを「全体の要件」にまとめることが必要であると述べました。各利害関係者から引き出した要求が、トレードオフの関係にあるかもしれません。すべての要求を同時に満たすことはできないかもしれません。各利害関係者の要件をバラバラに定義したのでは、全体として不可能な要件定義をしているかもしれません。全体の要件にするという作業は、ここで説明した、非機能要件を整理してユーティリティーツ

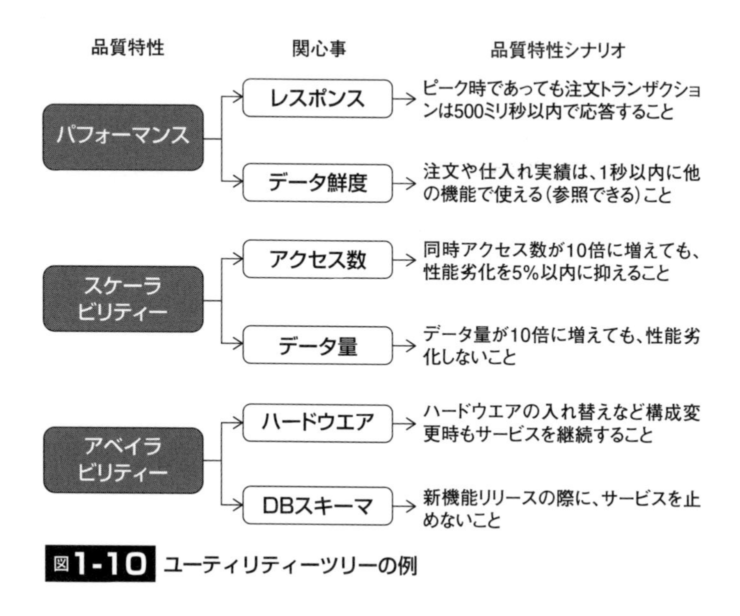

図1-10 ユーティリティーツリーの例

リーを作成する作業に該当します。

(5) 初期アーキテクチャー

さて、要件定義フェーズの仕上げとなる初期アーキテクチャーを作成します。ユーティリティツリーに書かれているすべてのシナリオを満たすように、具体的なシステム構造を考えます。その方法として役立つのは「ADD（Attribute Driven Design）」です。ADDとは、品質特性シナリオを満たすようにアーキテクチャーパターンを適用しながら、システムをモジュール分解していくという方法論です。

例えば、パフォーマンスとして、「注文や仕入れ実績は、1秒以内に他の機能で使える（参照できる）こと」というデータ鮮度に対するシナリオがあります。これを満たすには、同期書き込み／同期読み込みで、更新機能と参照機能間で同一データを処理することが最もシンプルな解となるでしょう。

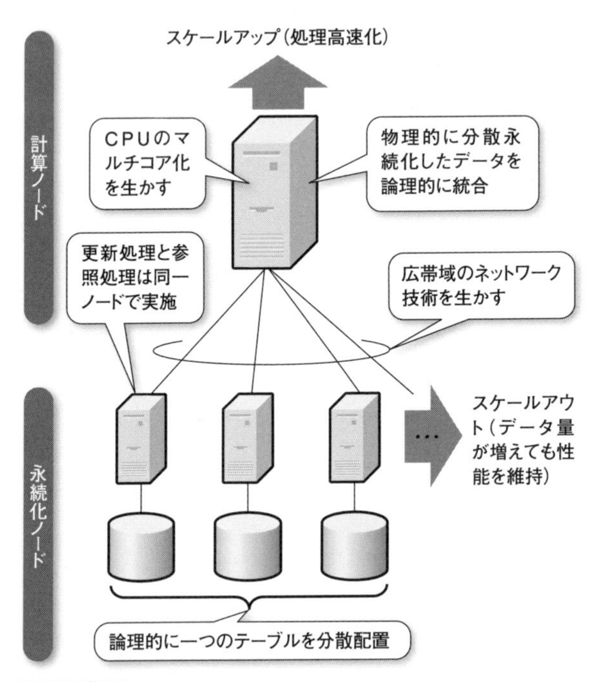

図1-11　初期アーキテクチャーの例

また、スケーラビリティーとして「データ量が10倍に増えても、性能劣化しないこと」というシナリオを満たすには、永続化装置を「Shared Nothing」で水平にノード分割していく必要があります。こうすれば永続化装置内のI/O負荷がきょう体ごとに閉じ、きょう体をまたがったI/O競合は起こらなくなります。つまり、永続化ノードを増やせば増やすほど単位時間当たりのI/O性能を向上させることができます。

この場合、分散した永続化ノードのデータを一つのテーブルとしてアクセスする必要のある計算ノードは、分散させないのが望ましい。計算ノードでは、短時間で大量のデータを処理するためにマルチコアCPUを有効に活用するアーキテクチャーという青写真が浮かんできます。つまり、永続化ノードはスケールアウト、計算ノードはスケールアップという方針になります。こうして検討したものを初期アーキテクチャーとして整理します（**図1-11**）。

初期アーキテクチャーはすべての品質要求シナリオを取り入れているので、実現不可能なものであったり、コスト面で非現実的なものであったりします。そのようなアーキテクチャーをわざわざ作成する目的は、利害関係者の要求がシステムの検討項目として含まれていると示すことです。そのために、初期アーキテクチャーが完成したら全利害関係者に説明します。その際、「この部分がこのような構造になっているのは、○○の要求を取り入れるためです」といった説明をします。

こうしておけば、たとえこの後でアーキテクチャーが変わってしまったとしても、「検討した結果そうなった」と、全利害関係者に納得してもらえます。面倒なように思えますが、利害関係者に納得してもらうにはとても大切な作業です。

まとめ

- 要件の漏れや矛盾を防ぐために、システム間連携と機能の重なりを分析する。
- アーキテクチャー設計に不可欠な非機能要件を洗い出す際、ユーティリティーツリーを作成する。
- 品質特性シナリオを盛り込んだ初期アーキテクチャーは、全利害関係者に説明することが大事。

第2章

アーキテクチャー設計とその分析

2-1 ■基本設計（アーキテクチャー設計）

2-2 ■基本設計（アーキテクチャー分析）

2-1 基本設計（アーキテクチャー設計）

実現性を繰り返し検討し インフラ構造が決まる

ITアーキテクトは何を考え、何をしているのか。それらを明らかにしていくことを本書の目的としています。システム開発のV字モデルに沿って解説しており、2-1から基本設計フェーズに入ります。

簡単にこれまでの復習をしておきます。要件定義フェーズでは、ITアーキテクトはまずプロジェクトのビジョンを明らかにし、システム化対象の全体像をつかむために「概念機能モデル図」と「概念データモデル図」を作成します。エンジニアの作業に先行してこの二つのモデル図を作成することで、エンジニアが要件定義を実施する際の漏れや矛盾が起こらないようにします。

そのほか、プロジェクトの利害関係者の要求を引き出した上で、それらを盛り込んだ「初期アーキテクチャー」を作成し、利害関係者の納得感を得ます。これらを基に、基本設計フェーズではいよいよ本格的なアーキテクチャーを作成していきます。

基本設計フェーズでITアーキテクトは、システムのアーキテクチャーを設計し、そして、そのアーキテクチャーで問題がないかどうかを分析します。前者のアーキテクチャー設計を2-1で取り上げ、後者のアーキテクチャー分析は2-2で解説します。

アーキテクチャー設計とは具体的に何かというと、システムの構造を決めることです。システムを大きく「アプリケーション」と「インフラ」に分けます。

アプリケーションとは主に機能要求を実装する部分で、パッケージソフトやSaaSなどを使わなければ、プログラムを一から作成して開発する箇所になります。その部分の構造を示したのが「アプリケーション構成図」です。それを作るために「永続化視点のパッケージ図」や「機能視点のパッケージ図」を描きます。

インフラは、ハードウエアとそれらの上で動作するソフトウエアの部分で、「ソフトウエア構成図」と「ハードウエア構成図」からなります（**図2-1**）。

これらの図をどのようにして作るのか、その際に、ITアーキテクトは何を考えているのかを説明します。

アプリケーション部分のアーキテクチャーを設計

基本設計フェーズに複数のエンジニアが関わることを想定します。各担当エンジニアはアプリケーション部分の基本設計（具体的には機能要求を深掘りした上で画面を決めたり、プログラムの構造を決めたり、データベース構造を決めたりするといった作業）を行います。大規模なシステムになるほど多くのエンジニアが設計作業に関わるので、ここで求められるのは、複数のエンジニアが並行して作業できるようにすることです。具体的には、並行作業しても問題が起こらないようなまとまり（「パッケージ」と呼ぶ）に分割します。その役割を担うのはITアーキテクトです。

ITアーキテクトに求められるのは、「複雑な要件を複雑なまま実装する」力業ではありません。全体問題を部分問題の集合に分解することです。つまり、全体整合性を保ったまま部分問題を定義することです。これを「分割統治」と呼びます。これができれば、各エンジニアの作業が行いやすくなります。

では、分割統治をするために何をしたらよいのでしょうか。基本的なことから考えてみます。情報システムは単純化すれば入出力システムです。大まかに言う

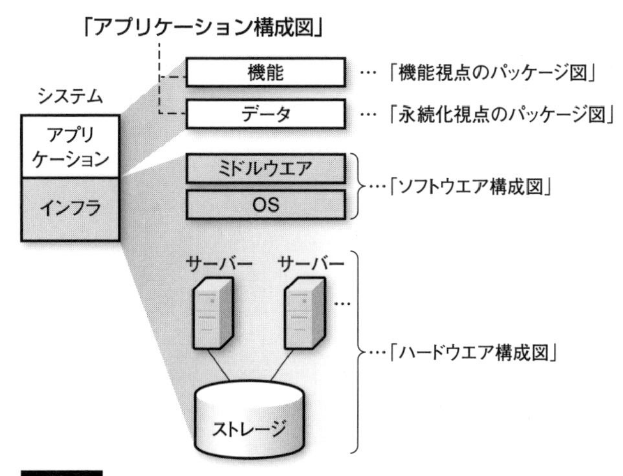

図2-1 アーキテクチャー設計で作成する設計書

と、入力データを永続化し、永続化したデータを加工して出力します。この「入」と「出」の折り返し地点に存在するのがデータベースで、データベースの上に入力や出力の機能があるとみなすことができます。つまり、データと機能を分割してレイヤー構造で捉えることが、最初の分割になります。

この後、四つのフェーズで分割を進めていきます。その際さまざまなモデル図が登場しますが、ITアーキテクトはそれらの図を作るスキルよりも、それらを分割したり分類したりするスキルが求められます。その点に注目してほしいと思います。

フェーズ１　データ分割

では、データの分割を考えてみましょう。分割するにはまず全体をつかむ必要があります。それにふさわしいのは、要件定義フェーズで作成した「概念データモデル図」です。このモデル図に描かれているのは概念的に「データ」と思われるもので、具体的には機能と結びついた「イベントデータ」と、機能とは独立した存在の「マスターデータ」に分類して表現しています。基本設計フェーズでは「データ」の捉え方が要件定義フェーズとは異なり、永続化するものを「データ」と捉えます。それを表したモデル図を「論理データモデル図」、そこに示したデータを一般に「エンティティー」と呼びます（**図2-2**）。

概念データモデル図にあるデータを永続化すべきかどうか、また、概念データモデル図には描いていないが永続化すべきデータはないか。要件定義書を読んでこうしたことを検討します。ポイントとなるのは「永続化すべきかどうか」、すなわち「ほかのデータから導出できるかできないか」ということです。

概念データモデル図には「顧客」「注文」「仕入れ」「在庫」といったデータがありました。このうち「顧客」「注文」「仕入れ」はほかのデータから導出できないもので、論理データモデル図に示すべきエンティティーです。

「在庫」はどうでしょうか。これは仕入れエンティティーと注文エンティティーから導出可能という見方ができますので、この段階では「エンティティーではない」と判断し、論理データモデル図には描かないようにします（ここでは廃棄、紛失など在庫調整不要な事業を想定しています）。

概念データモデル図で登場した「在庫」は、機能に依存した概念の表れです。

論理データモデル図は時代とともに移り変わるビジネス形態や、それを支えるシステム機能には依存せず、ビジネス上不可欠なデータの論理的構造を指します。導出可能な「在庫」など状態を永続化せず、「仕入れ」や「注文」のようにシステムの外部で発生したイベント（事実）を重複なく管理したモデル図になります。

また、論理データモデル図は一般的なデータモデリングの手法を用いて、エンティティーの抜け・漏れやエンティティーごとのキーを見いだします（図2-2に示しているPKはプライマリーキー、FKは外部キーのこと）。そうして見つけた例として、「注文明細」エンティティーがあります。これは概念データモデル図にはありませんが、注文が複数の商品から成り立ち、その個数は不定であることから導き出したエンティティーです。ここではデータモデリングの手法には踏み込んで説明しませんが、RDBの正規形についてご存じであれば、注文エンティティーと注文明細エンティティーが分かれている方が重複を避けるという点においてよいことは理解いただけるでしょう。

フェーズ2　永続化視点のパッケージ図作成

ITアーキテクトの役割は各エンジニアが並行作業できるようにアプリケーションを分割することですが、論理データモデル図に示したエンティティーは依存関

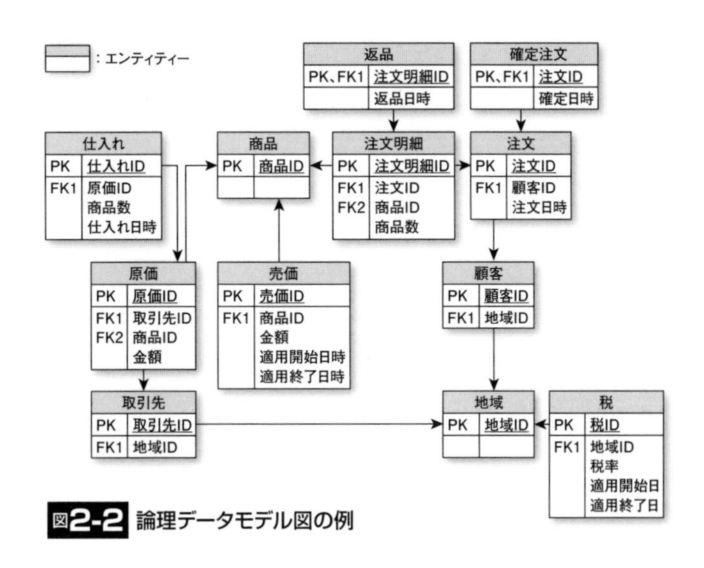

図2-2 論理データモデル図の例

係があり、分割単位としては小さ過ぎます。そこで依存関係を見越してエンティティーのグループを作成します。そうしてグループ分けしたエンティティーのまとまりが「永続化視点のパッケージ」になります。各担当エンジニアが行うデータベース設計は、このパッケージごとに進めます。

論理データモデル図から永続化視点のパッケージ図を作るには、２段階で進めます。

STEP1は「マスター」と「トランザクション」の分離です。マスターデータとトランザクションデータはデータ更新のタイミングが異なるので、別のパッケージにグループ分けします。図2-2の「商品」「原価」「売価」などはマスター、「仕入れ」「返品」「確定注文」などはトランザクションに分類されます。

STEP2ではマスターを「コア」と「ヒト」に分離します。コアとは参照されるが参照しないエンティティーのことで、ヒトとはシステム内に登場する「人」のことだと考えてください。図2-2でいえば、「商品」「地域」がコアで、「取引先」「顧客」がヒトです。コアとヒトはそれぞれ別々のパッケージになるように分離します。この２段階を踏まえた上で、結びつきの強いエンティティーは同じパッケージになるように分割します。**図2-3**は、図2-2に基づいて作成した永続化視点のパッ

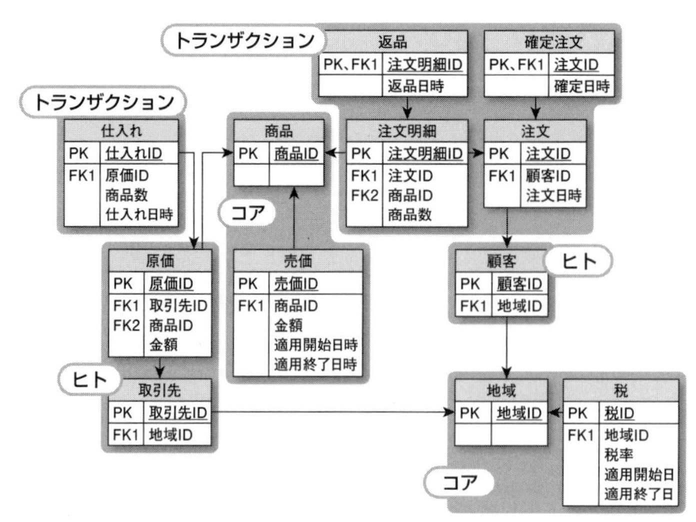

図2-3 永続化視点のパッケージ図の例

ケージ図です。

フェーズ3　機能分割してパッケージ図作成

データの次は機能の分割です。データと同様に機能要求を分割したものを「機能視点のパッケージ」と呼びます。基本設計の担当エンジニアは、この機能パッケージごとに機能を詳細に検討します。

機能パッケージはそれほど難しく考える必要はなく、要件定義フェーズで作成した概念機能モデル図に描いている「機能」をそのまま機能パッケージと捉えればよいのです。ただ注意が必要なのは、複数のアクターと関連している機能がある場合です。要件定義フェーズで作成した概念機能モデル図では、「在庫照会」という機能は物流部門と発注システムという二つのアクターと関連しています。そうした場合、概念的には同じ機能であっても、それぞれの担当部門で必要な機能は異なるので別の機能パッケージと捉えます。

そのようにして整理した機能視点のパッケージ図を**図2-4**に示しました。概念機能モデル図の機能をアクターごとに並べて示し、複数アクターと関連のある在庫照会機能は在庫照会（仕入れ業務）と在庫照会（在庫引き当て）に分けて示しています。

フェーズ4　アプリケーション構成図の作成

ここまで来ればアプリケーション構成図を示す準備が整っています。データと機能はレイヤー構造ですので、それぞれパッケージ単位で配置し、データと機能の関係を整理します。それがアプリケーション構成図になります。データと機能

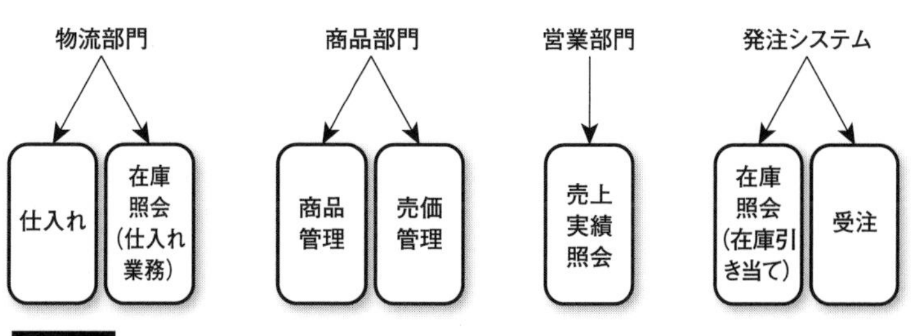

図2-4 機能視点のパッケージ図の例

の関係とは、具体的には「参照」と「更新」の関係です。例えば仕入れエンティティーは、仕入れ機能から更新され、在庫照会（仕入れ業務）機能から参照されます。このような関係を矢印で示します。そのように整理していくと、抜けている機能に気付けることがあります。

図2-3の永続視点のパッケージ図と、図2-4の機能視点のパッケージ図を２層に並べると、「取引先」「顧客」「地域」のエンティティーには更新する機能がなく、いわゆる管理機能がないことが分かります（**図2-5**）。情報システムの機能として実装する必要があるなら、この時点で「取引先管理」機能と「顧客管理」機能を追加します。「地域」データは更新頻度が低いので、手作業でデータを加える方法でよいと決め、管理機能を追加していません。これでアプリケーション構成図が完成しました。

インフラ部分のアーキテクチャーを設計

アプリケーション部分のアーキテクチャー設計の次は、インフラ部分のアーキテクチャー設計を行います。インフラは大きく分けて、サーバー機やストレージ装置などのハードウエアと、OSやRDBMSなどのソフトウエアからなります。これらの具体的な製品やバージョンなどを決めていきます。

ハードウエアとソフトウエアは不可分のものもありますが、オープン系システ

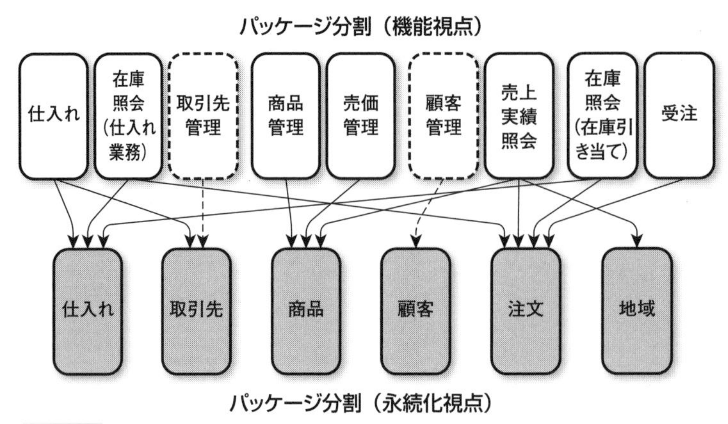

図2-5　アプリケーション構成図の例

ムではさまざまな組み合わせが可能です。筆者はオープン系のインフラを決める際、まずソフトウエアから検討します。ハードウエアはどんどん進化し、時間がたてば設計時点で想定した以上の性能を得る可能性が高いからです。設計時点でハードウエア面の条件が厳しくても、時間がたつと解決する可能性は小さくありません。それに比べるとソフトウエアの進化は緩やかですので、先にソフトウエアを決め、後でハードウエアを決めます。

(1) ソフトウエア構成を仮決め

では、ソフトウエアの構成図を説明します。どのようなものか、先に次ページの**図 2-6** を見てください。Linux や JDK（Java）などのバージョン名まで記述しています。これを見て「Linux や JDK などの製品をどうやって特定しているのか」と思うことでしょう。なぜ Linux なのか、なぜ Java でなければならないのか、ほかの OS や言語ではなぜダメなのか――。複雑な方程式を解いて論理的に製品やそのバージョンを特定するというイメージをお持ちの方がいるかもしれませんが、少なくとも筆者のやり方は異なります。

筆者の場合、ソフトウエア構成図を決める際のインプット情報は、ソフトウエア製品に関する知識です。できるだけ幅広く、どの製品のどのバージョンからどのような機能が加わっているのかなどを蓄積します。製品情報として意外と大事なのは、「もともと何を目的に作られたソフトなのか」ということです。利用者のニーズに応えて機能を追加しても、当初の設計ポリシーに合わないものだと中途半端な機能になることもあります。個々の製品のアーキテクチャーを見極め、どういう要件のときに合う製品なのかをつかむようにしています。

そのほか、過去に経験した製品の組み合わせでうまくいったもの、苦労したものを自分の知識として持っています。企業によっては社内で蓄積しているところもあるでしょう。そうした中から最適と思われるものを選びます。言い換えれば、ここで決めたソフトの組み合わせ以外にも可能な組み合わせはあるかもしれないということです。ベストかどうかは分からないが、少なくとも IT アーキテクトの知識と経験において、ベストと判断できるものを選ぶわけです。泥臭いやり方だと思われたかもしれませんが、自分が自信を持って決めるにはこの方法しかないと思っています。

ソフトウエアに関していえば、全部手作りにするという方針も立てることは可能です。しかしそんな方針を採ることは、現時点ではまずありえないです。オーダーメードのOSを一から開発することは可能ですが、そんなコストも期間もかけられるプロジェクトは通常の企業システムではありませんし、市販のOSは十分に安心して使うことができると判断できるからです。その考えの先に、アプリケーションフレームワークの採用があります。最近は数多くのフレームワークが登場しており、利用されることも多く、それらを採用した方がコスト面でも品質面も有利だと判断できます。

アプリケーションフレームワークで重要なのは、アプリケーションの構造を支えることです。すぐ手に入るフレームワークでは機能が足りない、または性能面でのペナルティーが大きいと判断した場合、フレームワークを拡張または内製し、再利用可能な資産として社内に蓄積していきます。

(2) ソフトウエア構成を非機能要件に基づいて検討

ソフトウエア構成図の基本的な作り方を説明しましたが、大事なのは一度仮決めした後に、今回のプロジェクトで求められる非機能要件を満たすことができるかどうかを何回も検討することです。そこで不可能と判断すれば、最初に仮決め

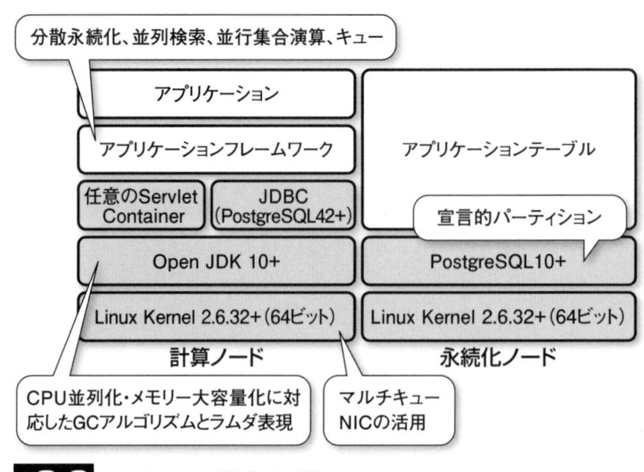

図2-6 ソフトウエア構成図の例

したソフトウエア製品を変更し、新しい組み合わせで検討を繰り返します。

ここではソフトウエア製品を図2-6（吹き出し除く）のものに仮決めしたと仮定し、説明を続けます。検討する際に参考にするのは、要件定義フェーズで作成したユーティリティーツリーと初期アーキテクチャーです。ユーティリティーツリーに記した品質特性シナリオが実現できるように検討します。1-2に掲載したユーティリティーツリーには「データ量が10倍に増えても、性能が劣化しないこと」という品質特性シナリオがあります。そのために永続化ノードをスケールアウト構造にしており、計算ノードと永続化ノードの間は「広帯域のネットワーク技術を生かす」と初期アーキテクチャーに明記しています。このケースでは、OSに「マルチキューNIC」が備わっていれば対応できると判断しました。Linux Kernel 2.6.32以降ならその機能を備えており、ソフトウエア構成図に注記として「マルチキューNICの活用」と明記しています。

同様に、計算ノードはスケールアップで拡張させる方針であることから、大型のサーバーを使い、大容量のメモリーを扱うことが考えられます。大規模システムの実績の豊富なJavaですが、こうした条件で不安なのは性能です。1-2に掲載したユーティリティーツリーに「ピーク時であっても注文トランザクションは500ミリ秒以内で応答すること」とありました。この要件を満たすのにポイントとなるのは、JavaのGC（ガベージコレクション）です。なぜなら一般にGCが起こると、一時的に性能が低下するからです。その性能低下は大容量のメモリーであるほど長時間に及ぶので、このままでは「要件を満たせない」と判断するしかないところです。

しかし最近は「G1GC」というアルゴリズムで長時間停止（Full GC）を極力避けることが一般的となり、さらにFull GC処理を並列化する対応がJava10で加わりました。それらが備わっているJavaVMであることを確認し、図2-6では注記で「CPU並列化・メモリー大容量化に対応したGCアルゴリズム」と明記しています。

(3) ハードウエア構成の仮決めと検討

続いて、ハードウエア構成図について説明します。ソフトウエア構成図は自分の知識と経験に基づいて仮決めすると説明しましたが、それは製品がある程度限られるから可能なのです。ハードウエアは製品の進化が速く、選択肢が多いので、ベストと思われる組み合わせを仮決めするのはなかなか難しいものです。ですのでソフトウエアとは違って、順番を追って仮決めすることをお勧めします。その順番とは、「性能」「運用性」「可用性」の順です。この順番で検討するとうまくいくことが多いです。また、正確な需要予測が困難で、適切なハードウエアのサイジングが難しい場合、予測の正確さよりも、予測が上振れしても対応可能なスケーラビリティーを重視します。

永続化ノードのハードウエアを例に、順番に検討してみます。1-2に掲載した初期アーキテクチャーでは、永続化ノードは「論理的に一つのテーブルを分散配置」と注記しました。これは品質特性シナリオの「データ量が10倍に増えても、性能が劣化しないこと」を実現するために明記しているものです。ところがデータ量を確認すると、10倍になっても1Tバイト程度でした。このサイズなら最近の大容量化したメモリーとディスクドライブを使えば、永続化ノードを論理分割しなくても十分性能要件を満たすことができると判断しました。もちろん、初期アーキテクチャーのようにスケールアウト構造にしても性能要件を満たせます。

次に「運用性」を考慮します。運用のことを考えれば、永続化ノードの数は少

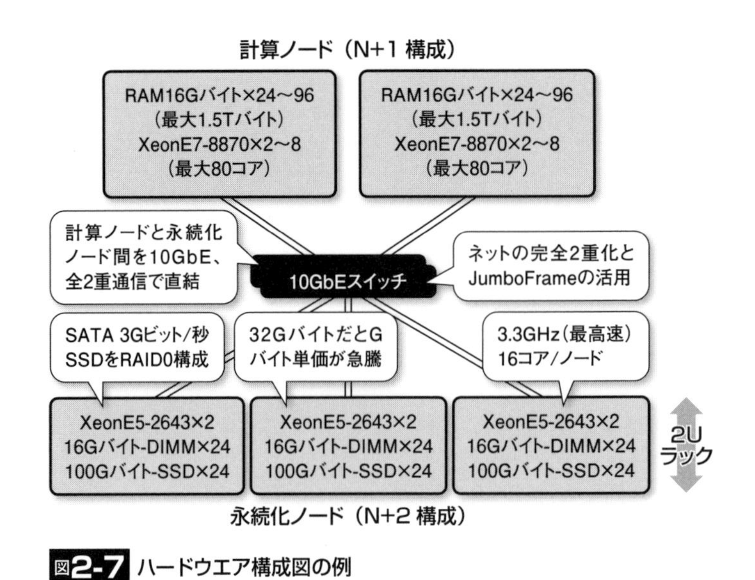

図2-7 ハードウエア構成図の例

ない方がよいのは明らかです。ここまでの二つの要件を満たすことを想定すれば、1台のノード（100GバイトのSSDを24個搭載し、ハードウエアRAID0でストライピング・冗長化無し）を利用する構成になります。そこで最後の「可用性」を考えます。品質特性シナリオには「ハードウエアの入れ替えなど構成変更時でもサービスを継続すること」とあるので、ノードは最低2台必要だと判断できます。こうしてハードウエアのスペックを決めていきます。単一ノードで必要な性能を確保することが求められるので、「CPU XeonE5-2643 × 2基、メモリー 16Gバイト -DIMM × 24個、ディスク 100Gバイト -SSD × 24個」と仮決めしました。

ソフトウエア構成と同様に、仮決めしたハードウエア構成で実現できない品質特性シナリオがないかどうかを繰り返し検討します。このケースでは「ピーク時であっても注文トランザクションは500ミリ秒以内で応答すること」という品質特性シナリオがあります。永続化ノードはデータを保持しているのでバックアップを取得することが求められます。バックアップのタイミングでもピーク性能が下がらないようにするために、念のため3ノード構成にすることを考えました。このようにして手直しを図り、ハードウエア構成図を完成させます（**図 2-7**）。

ハードウエア構成図と初期アーキテクチャーが異なるのは珍しいことではありません。異なっていても問題はないのですが、採用した構成の方がよい理由を明確にしておく必要があります。例えば、初期アーキテクチャーでは永続化ノードは論理分割していますが、図7では論理分割していません。現在のハードウエアでは分割してなくても必要な性能を維持できることが主な理由です。そのほかアプリケーションフレームワークを考慮すると、論理分割しない方がコスト・品質面で得策であると説明することもできます。運用性を考え、可能な限りシンプルに問題を解きます。

まとめ

- ●各担当エンジニアが並行作業できるように、アプリケーションをパッケージに分割する。
- ●アプリケーション構成図は、永続化視点のパッケージ図と機能視点のパッケージ図から作る。
- ●ハードやソフトは、仮決めしてから、個々の品質特性シナリオが実現できるかどうかを検討する。

2-2 基本設計（アーキテクチャー分析）

システムの動きを推論
文章にして説明責任果たす

IT アーキテクトは何を考え、何をしているのか。それらを明らかにしていっています。システム開発のＶ字モデルに沿って解説しており、2-1 に引き続いて基本設計フェーズでIT アーキテクトがやるべきことを解説します。

2-1 ではアーキテクチャーの設計までを取り上げました。アーキテクチャー設計とはシステムの構造を決めることで、アプリケーションとハードウエアに分けて構成図を作成しました。

2-2 では、設計したアーキテクチャーを分析します。パフォーマンスやアベイラビリティーなどの非機能要件は本当に満たせるのか。そうしたことを検討し、設計したアーキテクチャーで問題ないのか、このアーキテクチャーに基づいて基本設計を進めていいのかどうかを判断します。IT アーキテクトのタスクはエンジニアの作業に先行する必要があります。ここで説明するアーキテクチャー分析が終了してから、エンジニアによる基本設計を実施します。

米カーネギーメロン大学付属研究所が提唱する方法

システム構造（アーキテクチャー）の妥当性を検証するには、大きく分けて「動的検証」と「静的検証」の二つの方法があります。動的検証とは、実際にシステムを動かして期待通りの結果が得られることを確認する方法。静的検証は、システムを動かさずにさまざまな角度から机上評価し、リスクを明らかにする方法です。基本設計の段階では実際にシステムを動かすことはできないので、基本的には静的検証を行います。

アーキテクチャーの静的検証で重要なことは「客観的視点」です。2-1 でアーキテクチャー設計の具体的な方法を説明しましたが、その方法はアーキテクトの経験や知識に基づいていました。アーキテクチャー設計は「個人の視点」や「主観的視点」で実施しているので、そこにアーキテクトが見過ごしたリスクが存在すると考えるべきです。アーキテクチャー分析ではできるだけ客観的視点になるように意識します。

では、アーキテクチャー分析の具体的な方法を解説しましょう。筆者が普段実施している方法は、米カーネギーメロン大学付属ソフトウェア工学研究所が提唱するアーキテクチャー分析手法「ATAM（Architecture Tradeoff Analysis Method）」をカスタマイズしたものです。筆者は2000年頃に同研究所でATAMを学びました。帰国してから、企業向けシステム開発現場で使いやすくするためにATAMをカスタマイズして使っています。

それは次の四つのステップからなります。

［ステップ1］品質特性シナリオに順番を付ける、［ステップ2］ハードやソフトの基礎数値を調査する、［ステップ3］システムの動きを推論する、［ステップ4］リスクを見いだして回避策をまとめる（**図2-8**）。ステップ3とステップ4は繰り返し実施します。

以下、四つのステップを順に説明します。

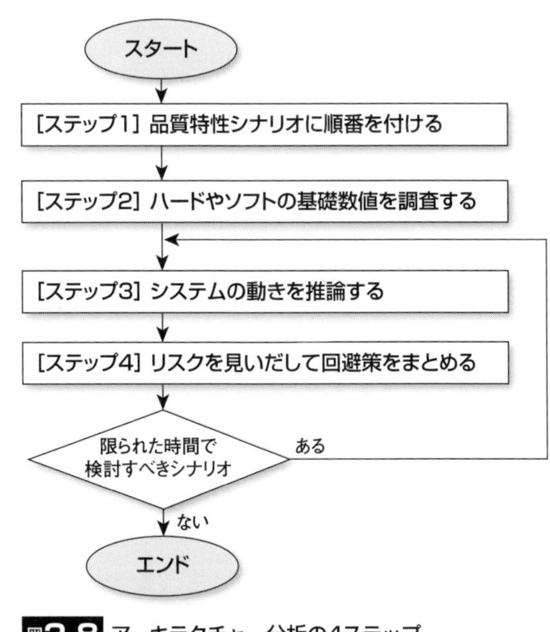

図2-8 アーキテクチャー分析の4ステップ

[ステップ１] 品質特性シナリオに順番を付ける

品質特性シナリオとは、要件定義フェーズで作成する「ユーティリティーツリー」に記載した非機能要件のシナリオです（1-2を参照）。非機能に関連するシステムで実現すべきことを、できるだけ具体的に文章で記しています。

アーキテクチャー分析とは、品質特性シナリオに基づいてアーキテクチャーの妥当性を検討することです。本来ならすべての品質特性シナリオを検討すべきですが、ITアーキテクトのタスクはエンジニアの作業に先行して実施する必要があります。アーキテクチャー分析にかけられる時間はあまりありません。限られた時間で効率的にアーキテクチャー分析を実施するために、品質特性シナリオに順番を付けます。

順番を付けるために、各シナリオの「重要度」と「難易度」を判断します。ここで大事なことは客観的視点です。どのシナリオが重要か、どのシナリオの難易度が高いか。こうした判断はITアーキテクトだけで行わず、利害関係者の意見に基づいて決定します。

システムに関わるさまざまな利害関係者に集まってもらい、どのシナリオが重要と思うかを尋ねます。各利害関係者はそれぞれの立場で判断すればよく、最終的な判断は多数決などの方法を用いて、重要度を「H（高い）」「M（普通）」「L（低い）」の３段階に分類します。シナリオの難易度とは実装する際の難しさのことで、こちらはDB担当やネットワーク担当といった各設計担当者の意見を聞いて、重要度と同様に「H」「M」「L」の３段階に分類します（**図2-9**）。

重要度と難易度が高いシナリオから順に番号を付け、重要度や難易度がHのものは確実に分析対象にします。MやLのものは時間の許す限り検討します。重要度と難易度が同じ場合の順番はどうすればいいでしょうか。どちらでもいいと考えてはいけません。順番は大事です。なぜなら、ステップ３でシステムの動きを推論しますが、その際、該当箇所の具体的な実装をイメージします。先に検討したシナリオでイメージした実装は、以降、その実装を変えないで検討することが求められます。変えてしまうと検討した意味がなくなってしまうからです。

重要度と難易度が同じ場合、シナリオの品質特性に目を向けて「原始特性」か「派生特性」かを考えます。例えば、データ量やトランザクション量が増えてもパフォーマンスという特性を満たすために、スケーラビリティーという新たな特性が生じます。つまり、パフォーマンスが原始特性、スケーラビリティーが派生特性になります。このように考えると、主な原始特性はパフォーマンスとアベイラビリティーに集約されます。品質特性シナリオを検討する際の順番は、原始特性が先で、派生特性が後になるようにします。

[ステップ2] ハードやソフトの基礎数値を調査する

前述の通り、品質特性シナリオは、できるだけ定量的に書いています。「早く応答する」では人によって解釈が違ってきますが、「500ミリ秒で応答する」では解釈の違いはなくなるからです。シナリオを分析する際は具体的な数値に基づいて行うべきで、そのためにはハードウエアやソフトウエアの側も数値をそろえておくことが求められます。それが「基礎数値」です。

筆者の場合はまず、ハードウエアに目を向けます。なぜなら、論理的に可能なことでも物理的な制約から実現できないことはありますが、物理的に不可能なことは論理的に不可能だからです。具体的な基礎数値とは、パフォーマンス面であれば主記憶や補助記憶へのレイテンシー（アクセス遅延）、アベイラビリティーの

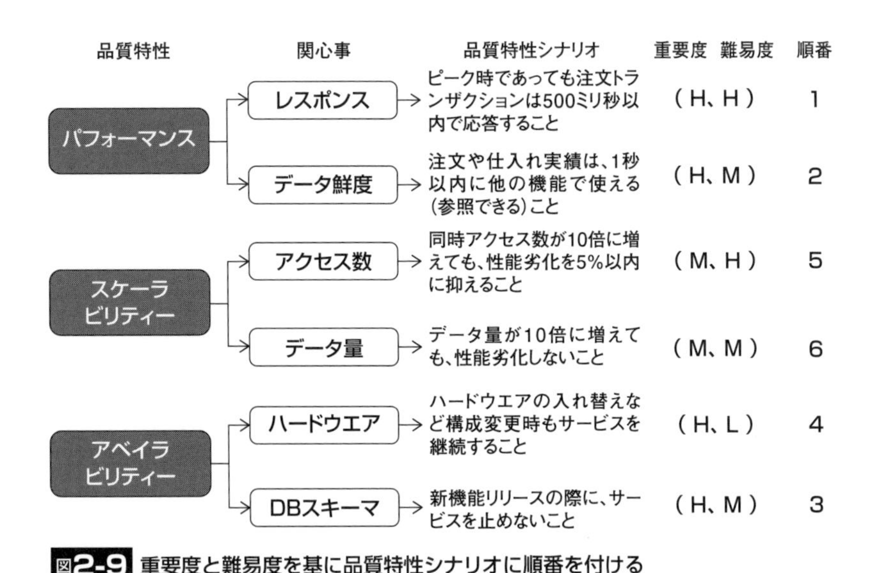

図2-9 重要度と難易度を基に品質特性シナリオに順番を付ける

観点ではMTBF（Mean Time Between Failure）などの諸元値です。**表2-1**は、執筆時点で集めたサーバーに関わる主記憶と補助記憶の基礎数値です。インターネット上で取得可能な情報から集めました。DIMMは主記憶、SSDとHDDは両方とも補助記憶であり、SSDはフラッシュメモリーを用いたものでHDDより高速です。SSDにはMLCとSLCの２種類あるほか、インタフェースでパフォーマンスが違ってきます。表2-1の右に行くほど基本的に高速で、高価になります。

このようなデバイス単体の限界を超えるために複数のデバイスが必要になり、それらを協調させるためにソフトウエアがあります。ハードウエアの諸元値の次に目を向けるのが、ソフトウエアの「スケーラビリティー」です。いくら処理能力の高いハードウエアを使っても、ソフトウエア的処理がボトルネックになればハードウエアを生かしきれないことに留意します。

ソフトウエア的ボトルネックを理解するために、CPUの進化のトレンドについて説明します。CPUのトレンドは高速化から並列化（マルチコア／メニーコア化）にシフトしています。高速化がトレンドだったときは並列性の考慮が不要でしたが、トレンドが変わったことでソフトウエアに並列性が求められるようになってきました。例えば、カーネルとNIC（Network Interface Card）間に通信ネックが発生する、あるいはCPUの数を増やしても排他機構が妨げとなり計算能力を生かしきれない、といった問題です。近年、このような問題にソフトウエアが対応し始めています。

ソフトウエアの基礎数値という観点では、ハードウエアの限界性能を引き出せ

表2-1 基礎数値の調査結果

種類	HDD (15Krpm)	SSD (MLC)	SSD (MLC)	SSD (SLC)	DIMM (16GB)	DIMM (32GB)
インタフェース	SAS 6Gビット/秒	SATA 3Gビット/秒	PCI Express 4Gバイト/秒 (Gen2x4)	SAS 6Gビット/秒	–	–
レイテンシー	2.5ミリ～5ミリ秒	50マイクロ～70マイクロ秒	50マイクロ～70マイクロ秒	50マイクロ秒	50ナノ秒	50ナノ秒
MTBF（時間）	300K～	1.5M～2M	1.5M～2M	～3M	無制限*1	無制限*1
コスト比	1	3	6	12	24	72

＊1：エラーを検知した際に予防交換する
SSD：物理的稼働部がないのでHDDより高速でMTBFも長いが、データの書き換え限界回数は1万回程度（MLCの場合）。表中の数値は初期状態での参考値（RAIDコントローラー部のレイテンシーは含まない）。再度書き込み可能な状態に初期化する処理（リクラメーション）時、更新性能は大幅に悪化。悪化の度合いは初期化ブロック内の有効ページ数に依存し、ページ数が多いほど悪化する。SLCは、MLCより性能が高く、書き換え限界も10倍程度高い

るのか、ハードウエアを増強した分だけ処理能力は向上するのか、などの視点から調査します。

基礎数値は、品質特性シナリオに明記されている数値に関連するものを集めます。もし必要な情報が手に入らない場合は、基礎数値を取得するために必要最小限の評価システムを構築し、動的検証により基礎数値を取得することも検討します。筆者は以前、80コアのCPU性能を生かし切れるかどうかを確認するために、その基礎数値として実際にマシンを借りて3000万件のレコードのソート処理を実施したことがあります。

[ステップ3] システムの動きを推論する

ここからがアーキテクチャー分析の中核です。アーキテクチャーに基づいてシステムを実装した際、各品質特性シナリオが実現可能かどうかを検証します。その検証は静的検証で、具体的にはそれぞれのシナリオのとき、システムがどのような動きになるのかを「推論」し、それを文章にまとめます。

文章にすることには二つの意味があります。一つは、ITアーキテクトが自分自身で論理的な矛盾や飛躍、誤りを認識できるようにするためです。文章を読み

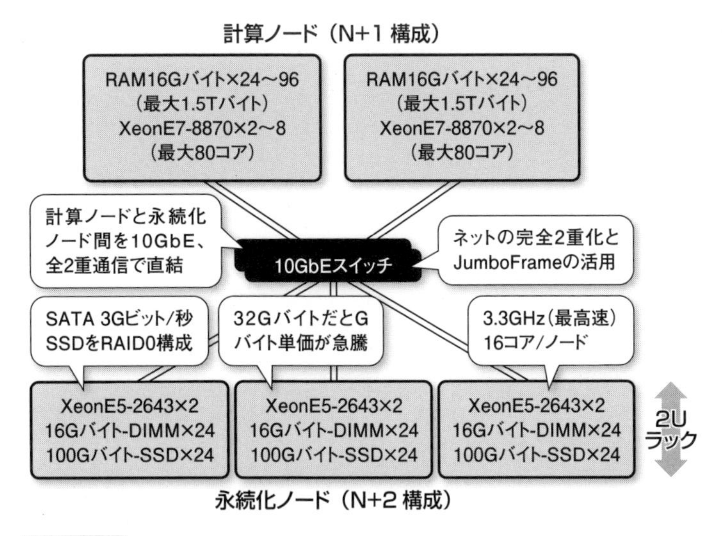

図2-10 ハードウエア構成図の例

直すことで、それが可能になります。

もう一つは、アーキテクチャーの説明責任を果たすことです。基本設計フェーズだけでなく、詳細設計、実装、テスト、運用・保守に携わる人たちが「なぜ、このようなアーキテクチャーにしたのだろうか？」と疑問を感じるときがあります。そうしたときにここで書いた文章があれば、明確に答えることができます。ITアーキテクトが頭で考えた重要なポイントが不明確では、アーキテクチャーの維持は難しくなります。

それでは、推論の例をお見せしましょう。「ピーク時であっても注文トランザクションは500ミリ秒で応答すること」という品質特性シナリオの場合です。2-1で設計したハードウエア構成図を参考までに再掲します（前ページの**図2-10**）。2台の計算ノードと3台の永続化ノード（DB）があり、永続化ノードは主記憶に16GバイトDIMMを24個、補助記憶にSSD 24個をRAID0の構成にしています（このSSDは表1左から2番目とします）。

【推論】

永続化ノード（DB）の負荷を下げるために、データ加工処理（ソートや連結など）はDBでは行わず計算ノードで行う。3台の永続化ノードはすべて同じデータを持つことで、ピーク時の検索処理は3台のノードに分割される。インデックスはすべて物理メモリー（tmpfsという仕組みを使う）に常駐し、レコードは共有バッファーにキャッシュする。データが増えるとキャッシュミスが発生し、補助記憶へのI/Oが発生。そのI/Oがボトルネックとなる可能性がある。ただし、SSD 24個をRAID0構成にしているので、永続化ノード内のI/O負荷は24分割される。SSD（MLC）のレイテンシーは50マイクロ秒～70マイクロ秒で、RAIDコントローラーとSSD間はSATA 3Gビット/秒。ピーク時、1秒間に1000ブロック（DBのI/O単位）のI/Oが発生すると想定しても、500ミリ秒の応答は可能。

ここまでは検索処理を想定したが、データを更新する際、3台のDBの内容は同じなので更新処理はそれぞれのDBで実行する必要がある。検索処理のように3分割されない。特にログの書き出しは補助記憶に対して行う必要があるので、この処理がボトルネックになる可能性が高い。

この推論では「並列検索」「RAID0」「DIMM」「SSD（MLC）」を前提にしています。こうした要素を「アーキテクチャー的決定事項」と呼び、分析結果として明記しておきます。次のシナリオを分析する際、この決定事項は変えないように注意します。

［ステップ 4］ リスクを見いだして回避策をまとめる

検索処理が問題になる可能性は低いが、更新処理、特にログの書き出しがボトルネックとなる可能性が高いところまで分析しました。「ボトルネックになる可能性が高い」という分析で終わらせてはいけません。このままでは稼働後にパフォーマンス面で問題になってしまいます。こうしたリスクを捉え、その回避策をまとめることまで実施します。また、リスクとして挙がった点は、システムが運用を開始してから要注目の監視ポイントになります。そこで、リスクに基づいて「要監視項目」と「監視理由」をまとめておきます。

先の推論でリスクとして捉えるべきは、DB のログ書き出しによる処理性能の低下です。となると監視項目は、（DB として採用する）PostgreSQL の WAL（Write Ahead Logging）領域への I/O が適切です。WAL とは、更新処理の際にログを書き込む領域のことです。監視理由としては、「WAL 領域への更新は直列処理。コミット時の多重度が大きくなると、WAL 領域の I/O 待ち時間が長くなり、応答性能のボトルネックになるから」といったことを明記しておきます。

IT アーキテクトはこのリスクをどのように回避すればいいかを考えます。ここでは大胆なアイデアを思いつきました。「更新してもログには書き込まない」というアイデアです。ログを書き出さなければボトルネックになることはありません。しかしログがなければ永続化ノードに障害が発生したとき、コミットしたデータが消えてしまうことになりかねません。

ただ今回のハードウエア構成は永続化ノードが 3 台あり、すべて同じデータを格納しています。ということは、1 台が壊れても処理は継続できるし、残りのノードからデータを復元することも可能なはずです。具体的には、永続化ノードの異常で更新が正しく処理されなかった場合（データは壊れていないケース）、ほかの永続化ノードのデータと単純比較して差分復旧します。復旧対象の永続化ノードは、差分復旧が完了するまで読み取り禁止にします。

これをリスク回避策としてまとめておきます（**図 2-11**）。PostgreSQL はテーブルを作成するとき（CREATE TABLE 文）、「Unlogged」と指定すればログを取得しないようにできます。この回避策を実施すればWALへのI/Oはボトルネックにならずに済みますが、一度リスクとして浮かび上がった項目は念のため要監視項目として記録を残しておきます。

関連する品質特性を続けて分析

ここまでで四つのステップを説明しました。次は２番目のシナリオに移るのが基本ですが、筆者は注目している品質特性から外れないような進め方をします。つまり、最初のシナリオ（ピーク時でも 500 ミリ秒で応答）を分析した流れで永続化ノードの障害に話が進みましたので、ノード障害に関する分析を一緒にしておくということです。そうすれば一つのことに集中でき、アーキテクチャーに関する決定事項を忘れてしまうことがありません。

先のリスクでは永続化ノードの障害に話が及びました。永続化ノードの故障を考えたとき、SSD を使っていることに危うさがあります。なぜなら、SSD には「データの書き換え限界」という制約があり、更新を何度も繰り返すとその限界に達してしまうからです。HDD と同じようには使えない面があるのです。ここでも推論します。

【要監視項目】
永続化ノードのWAL領域（コミット時に更新内容を格納するログ）のI/O

【監視理由】
WAL領域への更新は直列処理。コミット時の多重度が大きくなると、WAL領域のI/O待ち時間が長くなり、応答性能のボトルネックになるから

【リスク回避策】
更新時にWALを書かない（CREATE TABLE時にUnlogged指定）。永続化ノードに障害が発生すると別のノードからデータを復元する

図2-11 要監視項目とリスク回避策

【推論】
SSDの更新限界に達しないように、上書きしないポリシーのテーブル設計にする（これは差分復旧を簡単に実行するのにも効果的である）。レコードの更新は、更新前レコードを残し、更新後レコードを追加する（主キー値とタイムスタンプから「後優先」とする）。レコードの削除は、削除テーブル（別テーブル）に追加。こうすればSSDの同じブロックに何回も更新することがなくなる。ただこれでは容量不足になるので、データ保持期間を過ぎたレコードを引き落とす（テーブルから取り出して使わなくする）。その際にブロックの断片化解消処理が行われてブロックを更新する。データ保持期間とSSDの更新寿命を比較しても、SSDの更新寿命がアベイラビリティーのボトルネックになることはない。

このケースでは新たなリスクはないと判断し、これ以上のリスク回避策の検討は行いません。

品質を満たしたうえで、コストと納期を考える

分析を終える前に、もう一つ大事な視点があります。それはコスト（Cost）と納期（Delivery）です。アーキテクチャー分析をする際は品質（Quality）を満たすことに注力してきました。ITアーキテクトは品質に責任を持たねばなりません。しかし、システム構築プロジェクトとしては品質だけでなくコストも納期も大事です。ITアーキテクトは品質を担保できる範囲で、コストと納期に配慮せねばなりません。

例えば、ソフトウエア的な作り込みをすれば高い品質を確保できるとします。作り込むには時間もコストもかかるものです。そこで一定の品質を確保できることを前提に、ハードウエアを導入してソフトウエアとしての作り込みをせず、“時間を買う”ということが考えられます。

ここで重要なのは、時間軸を導入することです。同じ品質を手に入れることを考えた場合、そのコストは時間がたつほど安価になります。特にコモディティー化したハードウエアの進化と価格競争は激しく、その勢いはとどまることを知りません。一般に高性能な製品ほど価格性能比は低いので、できるだけボリュームゾーンの製品を調達するとコストを下げられます。

また、利用ユーザー数やデータ量などは時間とともに変化し、その変化を正しく予測するのは難しいものです。リリース当初からシステムで想定した上限値でも最高のパフォーマンスを出すことを考えると、ハードウエアへの投資は不経済にならざるを得ません。こうした場合、ITアーキテクトは「何を決めないかを決める」という考え方があります。アーキテクチャーの根幹は決めるけれど、そのリソース増強のやり方までは決めないというのもその一つです。具体的には、リソース増強の方法を列挙し、必要になった時点で最も費用対効果が最大化する方法を選べるようにします。それらを「費用対効果最大化シナリオ」として文書にまとめておきます。ここでも、ITアーキテクトが考えたことを推論として明記しておきます。

【シナリオ】

永続化ノードの当初の構成は主記憶が16GバイトのDIMM、補助記憶はSSD（MLC）でインタフェースは3Gビット/秒のSATA。リリース当初はデータ量が少ないのでキャッシュヒット率は高く維持できるが、データ量が増えてくるとキャッシュヒット率が低下。補助記憶へのI/Oが増えてボトルネックになる。その場合は以下の三つの施策がある。

○DIMMを16Gバイトから32Gバイトに増強する

○SSD（MLC）をSSD（SLC）に変更する

○SSDのインタフェースをPCI Expressに変更する

【推論】

安定したパフォーマンスを確保するには、主記憶にレコードを常駐し、補助記憶へのI/Oを減らすことが最も有効である。そのためには主記憶のDIMMを16Gバイトから32Gバイトに増強するのがよい。しかし単位容量当たりの価格は16Gバイトまでの集積度ならば安定しているが、それ以上になると3、4倍に高騰する。今後32GバイトのDIMMの価格が下がることが考えられる。DIMMの価格が下がらなかった場合、SSDをMLCからSLCに変更したり、SSDのインタフェースをPCI Expressに変更したりしてパフォーマンスを確保する。

コストへの配慮で重要な点は、ハードウエアの単純な入れ替えでシステムのパフォーマンスを改善できるソフトウエアアーキテクチャーにしておくことです。すべてのハードウエアは壊れることを前提にします。そのために単一障害点を持たず、オンラインサービス中でもノードの切り離しや切り戻しを可能にしておきます。そうしておけば、きょう体単体の信頼性は低くても構わないので、ハードウエアの調達コストを抑えることができます。また、納期の点では、ソフトウエア的な作り込みをしないことがポイントです。ITアーキテクトは需要予測の大幅な上振れなど、突発的なシステム負荷の増大などに備える必要がありますが、考えられるすべての可能性に対してソフトウエア的に作り込んでスケーラビリティーを確保しようとすると納期に間に合わなくなることがあります。

こうした点を踏まえれば、アプリケーションとハードウエアを切り離し、その間に“緩衝材”を入れる構造が有効です。緩衝材とは、フレームワークのことです。オープンな技術や標準化された通信プロトコルを採用しているものがお勧めです。こうしたことはアーキテクチャー分析というより、アーキテクチャー設計の際に考えるべきことですが、コストや納期の観点で重要なことから、ここでまとめて説明しました。

まとめ

●品質特性シナリオの重要度と難易度から、検討する際の順番を付ける。
●補助記憶のアクセス遅延時間など、品質に関連するハードウエアの諸元値を集める。
●シナリオごとにシステムの動きを考えて文章にし、そこからリスクを見つけて回避策をまとめておく。

第3章

共通コンポーネントと設計基準

3-1 詳細設計（開発視点）

論理と物理のギャップ 設計基準書で混乱を防ぐ

IT アーキテクトはシステム開発の各フェーズで何をしているのでしょうか、どんな成果物を作っているのでしょうか。それらを明らかにしていくことで、IT アーキテクトになるための手順を示しています。システム開発のV字モデルに沿って説明し、前回までで基本設計フェーズが終わり、3-1 と 3-2 の 2 回に分けて詳細設計フェーズを説明します。

基本設計フェーズの IT アーキテクトのタスクを振り返ってみましょう。基本設計フェーズでは、システムのアーキテクチャーを設計しました。具体的には、機能、データ、ミドルウエアや OS、サーバーやストレージといった、システムの各レイヤーの構造を決めています。それぞれの構造を、機能は「機能視点のパッケージ図」、データは「永続化視点のパッケージ図」、ミドルウエアや OS は「ソフトウエア構成図」、サーバーやストレージなどは「ハードウエア構成図」として作成しました。

また、基本設計フェーズの IT アーキテクトの重要なタスクに、設計したアーキテクチャーの分析があります。実現すべき性能や拡張性をまとめた品質特性に基づいてシステムの動きを推論し、それを文書にまとめました。その際に用いた手法は、米カーネギーメロン大学付属ソフトウェア工学研究所が提唱する分析手法「ATAM」です。

こうして決定したアーキテクチャーに基づいて、IT エンジニアが基本設計を実施します。その成果物としては、機能一覧、機能ごとのシーケンス図、論理データモデル図などがあります。

3-1 の説明はそれらがそろった後、各 IT エンジニアが詳細設計を始める前に実施することになります。基本設計と詳細設計の大きな違いは、詳細設計では「どのように実装するか」を見据えることです。

そこで IT アーキテクトがやるべきことはたくさんありますが、ここでは (1) 実装を見据えて機能のまとまりを見直す、(2) 実装を見据えてデータモデルを見直す、(3) ITエンジニアの実施する詳細設計が混乱しないように基準書を作成する――の3点を説明します。

IF文だらけの共通機能にしない

最初は (1) 実装を見据えて機能のまとまりを見直すについてです。基本設計フェーズまでは「パッケージ」というまとまりで機能を設計してきました（**図3-1**）。詳細設計フェーズからは、この機能のまとまりの呼び名が「コンポーネント」に変わります。コンポーネントとは、インタフェースを備えたプログラムのまとまりで、複数のクラスからなるものと考えてください。

一般に、一つのコンポーネントは次ページの**図3-2**のようなアイコンで示します。アイコンの上部に飛び出している小さい円が他のコンポーネントとやり取りするパブリックインタフェースを表しています。

詳細設計フェーズでは、ITエンジニアが機能の実装方法を詳細に検討します。ITアーキテクトがやるべきことは、複数のコンポーネントに重複する機能を抜き出し、それをまとめた「共通コンポーネント」を定義することです。そうしないと、同じような機能を複数のコンポーネントに作ることになってしまいます。

基本設計フェーズではパッケージ（コンポーネント）ごとに担当者を決めて機能を設計していますので、同一パッケージ内であれば共通機能は切り出されてい

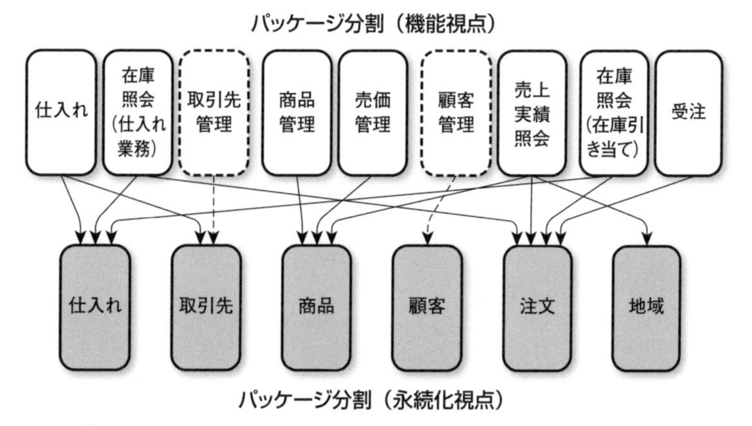

図3-1 アプリケーション構成図（パッケージを示した図）の例

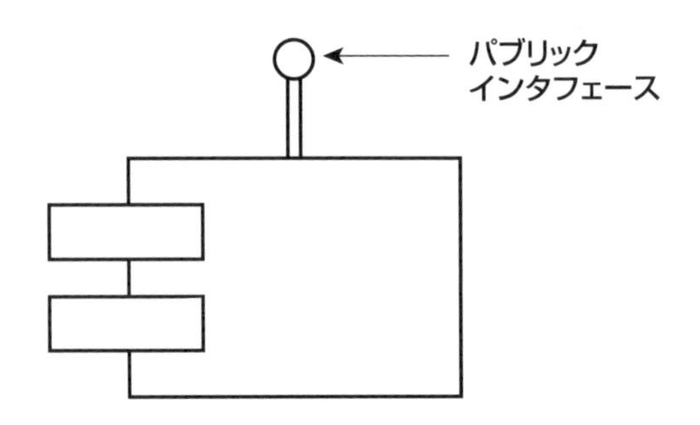

図3-2 コンポーネントを示すアイコン

ると考えていいでしょう。ここで注目したいのは、複数コンポーネントに存在する共通機能です。

共通機能を抜き出すと説明しましたが、あまり細かい単位で抜き出すのはお勧めしません。利用側が混乱しないように、抜き出す単位には意味のある大きさが必要だからです。よく使われる処理を共通機能として複数のコンポーネントから利用していると、各コンポーネントからの利用方法が少しずつ違ってくることが多く、だんだんと共通機能の実装がIF文だらけになってしまうことがあります。こうなると、共通機能を作った意味はあまりなくなってしまいます。

また、シーケンス図などを見てよく似たプログラムだからという理由で、共通機能にまとめるのもあまりお勧めしません。当初の仕様ではよく似た機能に思えたが、時間の経過とともにそれぞれの機能が独自性を持つことは十分に考えられます。そうなると、共通機能の実装が複雑になってしまいます。

概念データモデルから共通コンポーネントを見いだす

共通機能は慎重に見極める必要があります。では、どのような考え方で共通コンポーネントを見いだせばいいのでしょうか。筆者が実践している方法は、要件定義（1-1）のときに説明した「概念データモデル図」（**図3-3**）を使う方法です。概念データモデル図は、データの視点で対象となるシステムの全体をつかむために作成した図です。

要件定義では全体をつかむことに注力しましたが、その後の基本設計で「永続化すべきかどうか」という検討を行っています。その際、概念データモデル図に登場していた概念的なデータが、基本設計ではエンティティーとして存在していない場合があります。そのようなエンティティーにならなかった概念的なデータは、永続化はしないものの、概念的には一つのまとまりであるべきです。

基本設計を実施したことでエンティティーとして存在しなくなったものは、複数のパッケージ（詳細設計ではコンポーネント）に分散して存在しているはずです。それをここで一つにまとめ、共通コンポーネントとして見いだす。筆者はこのような手順を踏んでいます。こうして見いだした共通コンポーネントは概念的には一つなので、変化に強いまとまりになっていると考えられます。

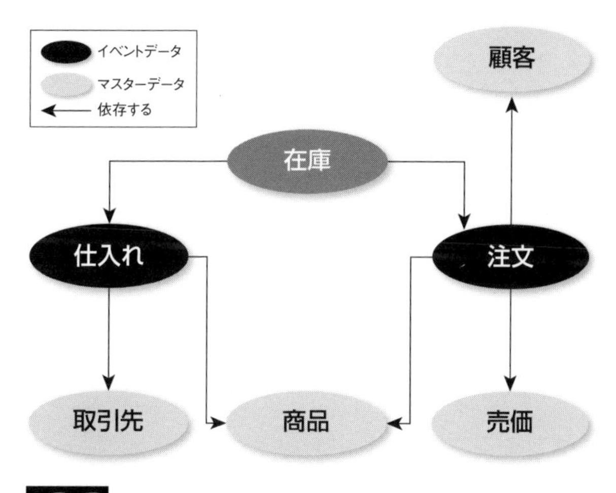

図3-3 概念データモデル図の例

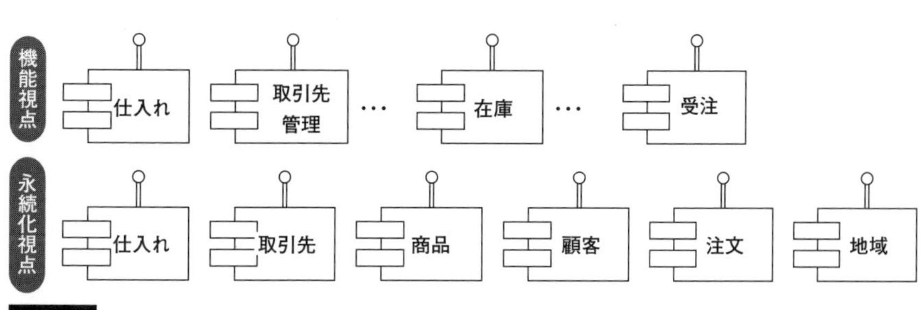

図3-4 コンポーネント図の例

前ページの**図 3-4** は詳細設計フェーズで IT アーキテクトが作成するコンポーネント図の例です。図 3-4 下は、図 3-1 下の永続化機能視点のパッケージをコンポーネントとして表現しています。図 3-4 上は、各パッケージの名称を少し変えていますが、基本的には図 3-1 上の機能視点のパッケージを並べたものです。

注目してほしいのは「在庫」コンポーネントです。これは図 3-1 上にはありません。図 3-3 の概念データモデル図から見いだした共通コンポーネントです。

物理データモデルがバラバラにならないようにする

続いて（2）実装を見据えてデータモデルを見直すに話を進めます。基本設計フェーズで IT アーキテクトは論理データモデル図を作成しました。それを基に IT エンジニアは詳細な論理データモデル図を作成します（ここでは基本設計フェーズの成果物として**図 3-5** が作られたとします）。

詳細設計フェーズでは、論理データモデルからデータベースのテーブル設計を行いますが、その前に、実装を見据えてデータモデルを見直します。具体的には、

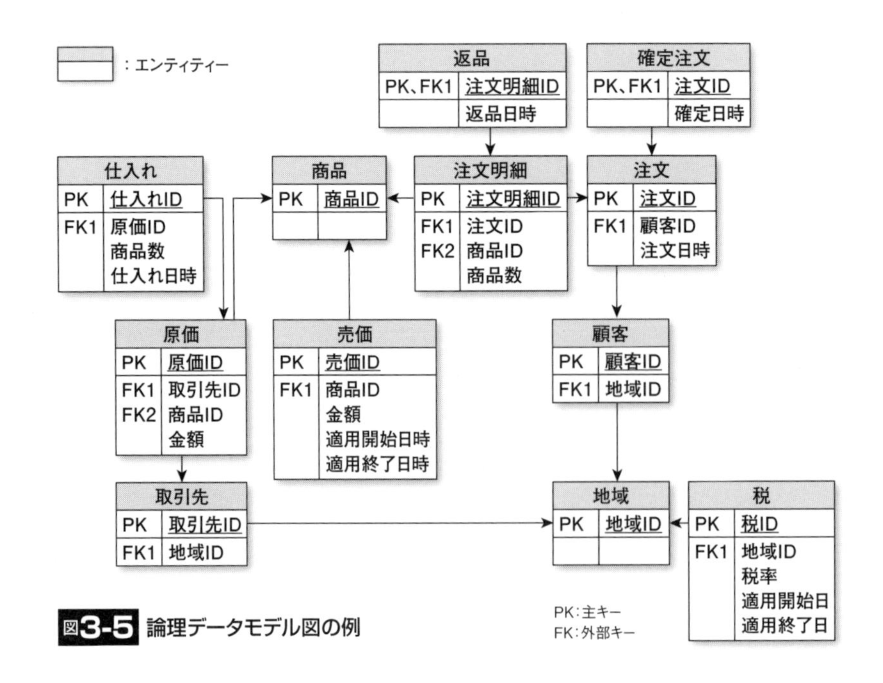

図3-5 論理データモデル図の例

バラバラになりそうなものに指針を出します。

観点は二つあります。(a) ITエンジニアが詳細設計をする際に迷いそうな箇所はデータモデルを変えて迷わないようにすることと、(b) 同じ構造にすべきものは同じデータモデルにすることです。そうして定義したデータモデルを「物理データモデル」と呼びます。

具体的に説明しましょう。図3-5の税エンティティーを見てください。「適用開始日」「適用終了日」とあります。適用開始日が決まっても、適用終了日が決まらないということが十分に考えられます。そうようなとき、「適用終了日を9999とする」というやり方もありますし、「適用終了日をNULLとする」というやり方もあると思います。これが (a) 詳細設計で迷うということです。各ITエンジニアに設計を委ねると、エンジニアごとに違った方法を選ぶかもしれません。そうならないようにデータモデルを変更します。

(b) 同じ構造にすべきものというのは、図3-5でいえば税エンティティーと売価エンティティーです。この二つは税と売価という違いはありますが、項目はそっくりで、構造を同じにすべきことが分かります。

(a) と (b) を実施する際、分かりやすいのは使うべき「パターン」を明示することです。図3-5の税エンティティーと売価エンティティーでは、「適用管理」パターンを用いるように指示すればいいでしょう。

図3-6は、適用管理パターンを使った税エンティティーのデータモデルです。

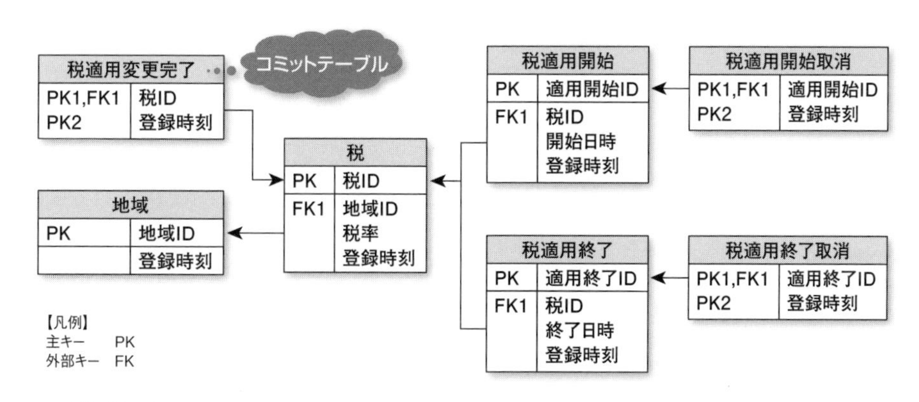

図3-6 物理データモデル図（適用管理パターン）の例

論理データモデルよりも複雑で、「税」「税適用開始」「税適用開始取消」「税適用終了」「税適用終了取消」に分割しています。なお、「税適用変更完了」のコミットテーブルの役割は第７章で詳しく解説します。

このモデルでは、税の適用を開始する場合、「税適用開始」テーブルに新たなレコードが作られます。そのレコードには「適用終了」という項目はありませんので、「9999」にしようか「NULL」にしようかと悩むことがありません。税の適用が終了する際は、「税適用終了」のテーブルに新たなレコードが作られます。「適用終了日」が決まってからその項目に値を入れます。

論理と物理にはギャップがある

ここからは、(3) ITエンジニアの実施する詳細設計が混乱しないように基準書を作成する、という点について説明します。ITエンジニアは詳細設計フェーズで大きく２種類の成果物を作成します。それは、物理データモデル図に基づいた「テーブル設計書」と、コンポーネント図に基づいた「クラス設計書」です。

ここで注意したいのは、基本設計書と物理データモデル図があれば、一意にテーブル設計ができるわけではないということです。クラス設計も同様です。

これまでITアーキテクトがITエンジニアと協力して作成してきた成果物は、論理的なモデルです。これを物理的な制約があるハードウエア上で実現しなければなりません。

この論理（モデル）と物理（実装技術）との間にギャップがあるので、「きれいなモデルを描いても、物理に落とす段階で結局崩れるので論理モデルには時間をかけない」という考えの現場は少なくありません。このギャップが、一意にテーブル設計やクラス設計ができない理由です。

ITアーキテクトは、この論理と物理のギャップを埋める責務を担います。そのためには、ITエンジニアの目線で論理－物理変換を確実に行う術を提示する必要があります。

どうしたらいいのでしょうか。基本設計フェーズでITアーキテクトは、性能、可用性、運用性など主要な品質特性からアーキテクチャーを設計し、リスクの回避策を考えました。ITアーキテクトが行った設計に基づいた詳細設計をしなければ、非機能要件を満たすことはできません。ITアーキテクトが考えたことは、基本設計のときの「推論」にまとめられています。しかし推論は、IT アーキテクト自身が矛盾や漏れを認識したり、このアーキテクチャーにした理由を説明したりするために作っています。

また、詳細設計を担当する IT エンジニアは、保守性など長期的視点より、とにかく実装するという短期的視点を重視しがちです。エンジニアが推論を読めば詳細設計が統一される、と考えるのは楽観的すぎます。

特に、データベースに対する考え方やアクセスの仕方などがまちまちでは、性能問題などの形でシステム全体の安定運用に影響を与える恐れがあります。リリース後のスキーマ変更は継続性を考えると容易にはできませんので、本質的な改善はできず、帳尻を合わせるような改善にならざるを得ません。そうなると、アーキテクチャーは崩れ保守性が低下していきます。

基本設計フェーズで作成したアーキテクチャーを実現し維持するには、全体の統制が不可欠です。そのために、IT アーキテクトは「テーブル設計基準書」と「クラス設計基準書」を作成します。

IT アーキテクトの意図をルールに落とし込む

では、今回のアーキテクチャーで具体的にテーブル設計基準書を考えてみましょう。基本設計で推論したことを思い出してください。今回のアーキテクチャーは永続化ノードと計算ノードに分かれています。

永続化ノードの負荷を下げるために、データの加工（結合など）は永続化ノードでは行わずに計算ノードで行う設計にしています。つまり、結合処理などは RDBMS に任せずに、計算ノードで処理するということです。このことを見据えたテーブル設計のルールが必要です。ここではテーブルを細分化することでレコードの参照効率を高め、既存のスキーマを変更せず、テーブル追加でスキーマ拡張しやすいように、「主キーには複合キー（複数のカラムからなるキー）を原則利用しない」というルールを作りました。

RDBMS の性能を維持するために、ログを書き込まない設計にしたことも思い出してください。1 台のノードで何か不具合が起こったときは、別の永続化ノード上のテーブルと単純比較をしてデータを復旧することにしました。この検討結果を詳細設計にきちんと反映するには、「単純比較で復旧」できるようなテーブル設計にしておく必要があります。そこでここでは「参照制約（別テーブルのカラムにない値は入力できないといった制約）は利用しない」というルールにしています。

また、物理データモデル図を作成するときに説明したように、入力値が決まらないものは「9999」にする方法もあれば「NULL」にする方法もあります。今回は「適用管理」パターンを適用したことで迷うことはなくなりましたが、念のため「NULL は使わない」というルールも明らかにしておきます。

今回のアーキテクチャーで忘れてならないことは、データの格納先に SSD（Solid State Drive）を利用していることです。SSD は性能面でハードディスクより優れていますが、「データの書き換え限界」があります。そのためにデータベースは「上書きしない」というポリシーを導入しました。このポリシーが守られるようにするために、テーブル設計では「CREATE と READ は利用してもよいが、UPDATE と DELETE は利用してはいけない」というルールが必要です。

	RDBMSの機能	利用	備考
テーブル構造	主キー	有	複合キーは原則利用しない。主キーを単一キーとし、レコードを一意に特定し易くする（テーブル間の関連を簡潔化し、サービスを止めずにスキーマの差分拡張をし易くする）
テーブル構造	NOT NULL制約	有	全カラムに付ける。NULL項目を後から値をセット（UPDATE）するのではなく、別テーブルにINSERTする
テーブル構造	参照制約	無	更新処理を非順序化し、データ復旧（DB間のデータ同期）をテーブル単位で並行して行えるようにするため
操作	CREATE（INSERT）	有	N+2台の永続化ノードに同時にレコードを作成するので、WALを書かない（Unlogged）
操作	READ（SELECT）	有	N+2台の永続化ノードの任意のノードからデータを取得（冗長化をI/O高速化に活かす）
操作	UPDATE	無	既存レコードとは異なる主キーを更新後レコードに与え、同一テーブルにINSERTする
操作	DELETE	無	削除は、削除テーブルへのINSERTに置き換える

図3-7　テーブル設計基準書の例

このようにして策定したルールを、**図3-7**のようなテーブル設計基準書として作成します。

テーブル設計の方針を改めて説明しよう

基本設計でITアーキテクトが考えた推論が徹底されるようにするには、図3-7のテーブル設計基準書に加え、テーブル設計そのものの方針を説明すべきです。基本設計でアーキテクチャーを設計する際、性能、運用性、可用性の順番で考えました。これを改めて、テーブル設計の方針として説明します。今回のアーキテクチャーでは、例えば次のように説明します。

データベースのI/O処理が最大のポイントです。性能ネックにならないように、無駄なI/Oを発生させないテーブル設計にしなければなりません。具体的には、1テーブル当たりのカラム数を少なくしてください。これはつまり、一般的なRDBMS（行指向データベース）を、「列指向データベース」のように使うということです。

次に運用性です。今回のアーキテクチャーはデータベースのログを書き出さないので、データ復旧が容易なテーブル構造にしなければなりません。具体的には、データは上書きも削除もしない。基本的なデータベースの操作は、CREATEとREADだけにします。最後に可用性です。I/O性能が高いSSDには更新回数に限界がありますが、データベースの操作をCREATEとREADだけにすることで、この限界は無視してもよくなります。

クラスは大きくも小さくも作れてしまう

次に、クラス設計基準書について説明します（次ページの**図3-8**）。クラス設計は図3-4で示したコンポーネント図に基づきますが、この図だけでは、クラス設計がバラバラになってしまいかねません。なぜなら、一つのクラスは大きくも小さくも作れてしまうからです。どのようなクラス設計にするかを決めなければいけません。

まず、計算ノード内のクラスと永続化ノード上のテーブルをマッピングする基本単位を決めます。永続化ノード内でテーブルを連結してから計算ノード上のクラスにマッピングすることもできますが、その場合は連結の範囲はテーブル操作言語（SQL）の表現力に制約を受けます。

例えば、図3-6で示した六つのテーブルを連結し、税率・適用開始日・適用終了日の三つの項目からなるビューを作るSQL文を考えると、副問い合わせを使うなど複雑なSQL文になります。このような複雑なSQL文を解釈し実行するには、RDBMSの資源を使うことになります。処理の多重度が上がるとメモリーが足りなくなり、ディスクへのI/Oが発生し、応答性能が劣化していきます。

ここでは計算ノードの複数CPUコアを同時に使うアプリケーションの並列化で性能劣化を抑えるというアーキテクチャーですから、永続化ノード内ではレコードの絞り込み以外の計算をさせないという基準を明確にします。つまり、テーブルのデータを加工せずに計算ノードに持ってくることになります。そのようなクラスを「レコード」クラスとして決めます。これで、データベース内では一切データ加工しない、計算ノードと永続化ノード間でテーブルとレコードクラスの１対１のマッピングを行う、という基準が明らかになります。

次に、永続化コンポーネントと機能コンポーネントの境界線のデータ交換の粒

	クラスの種類	層	用途	粒度
データ構造	レコード	永続化	・テーブル内のデータを計算ノードへ読み書きする際の名前空間（Entity-Relation図の関連をレコードのType Parameterで表現） ・CREATE TABLE文の生成源	テーブルと1：1
	論理View（永続化）のField	永続化	複数のレコード型（テーブル構造）を抽象化したデータ型の名前空間	論理エンティティ単位（ボトムアップView）
	論理View（機能）のField	機能	画面や帳票など個別機能に特化したデータ型の名前空間	ユースケース単位（トップダウンView）
	論理View（概念）のField	機能	不特定多数の機能から共有される共有データ型の名前空間	概念エンティティ単位（ボトムアップView）
操作	永続化コンポーネント	永続化	論理View（永続化）とテーブルとのマッピング（論物変換）処理	永続化パッケージ
	機能コンポーネント	機能	外部I/F（画面、帳票、他システム）と論理View（永続化）を繋ぐ処理	機能パッケージ
	概念コンポーネント	機能	論理View（永続化）から論理View（概念）の導出する処理	概念で認識し、論理で消えたエンティティ

図3-8　クラス設計基準書の例

度を決めます。永続化コンポーネントは互いに独立排他の関係で、管理するテーブルの範囲に重なりはありません。この関係をクラス設計でも維持します。つまり、永続化コンポーネントが機能コンポーネントに公開するデータ構造（「論理View（永続化）」と呼ぶ）は管理対象のテーブルの範囲内であれば任意のカラム（項目）の組み合わせで提供が可能であることを示します。

このようにして、コンポーネント図を参考にデータ（値）の管理を考えていきます。その際に大事なのは「過不足なく」という考え方です。「大は小を兼ねる」という考えでクラス設計すると数は減らせますが、ある局面で見た場合不要なメソッドや項目を誤って利用してしまうリスクが上昇します。型を細かく定義し、名前空間を分けることはデータ処理式を記述する際の誤用を避け、機械的な検証で誤りを認識しやすくするためです。

最後に、データ（値）を処理するクラスを考えます。粒度は、コンポーネント図を参考に１コンポーネント１処理クラスを原則とします。処理を記述した式が増えた場合など必要に応じて複数のクラスに分割します。

まとめ

- ●共通機能は抜き出しておきたいが、シーケンス図が似ているといった理由でまとめない方がいい。
- ●詳細設計で迷いそうな箇所を見つけ、パターンを適用する。
- ●基本設計の「推論」に基づいて、テーブル設計基準書とクラス設計基準書を作成する。

3-2 詳細設計（運用視点）

設計の仕上げはインデックスとシリアライズ

いよいよ詳細設計フェーズも終盤に入ってきました。本書では、ITアーキテクトがシステム開発の各フェーズで何をしているのか、どんな成果物を作っているのかを明らかにしてきました。システム開発のV字モデルに沿って説明しており、その前半が間もなく終了します。3-2は、3-1と同じ詳細設計フェーズです。3-1で取り上げなかった「運用リスク」「エンジニア間のリスク」に焦点を当て、ITアーキテクトのやるべきことを説明します。

運用リスクのある機能横断的な仕様を可視化する

詳細設計フェーズのエンジニアは、実装に意識が向いているものです。バックアップなど開発とは直接関係ない運用設計は別のエンジニアが担当しているかもしれません。しかし、バックアップのような処理は、短時間に大量のI/Oを発生させます。つまり、性能面からすると潜在的リスクがあるということです。こうしたリスクが顕在化するかどうかは非機能要件次第です。24時間365日の運用制約があると、潜在的リスクは顕在化しやすくなります。

ITアーキテクトは、品質を保つことを前提に、開発のしやすさと確実な運用に責任を持ちます。開発と運用をバラバラに設計にするのではなく、基本設計で分析したアーキテクチャーを土台に、開発と運用の整合を保ち、双方の視点から設計を最適化します。その際の主要な成果物が「(1) インデックス設計基準書」と「(2) データ運用設計書」です。

このほかITアーキテクトは、要求仕様の全体整合に責任を持ちます。なぜなら、担当する範囲が細分化されエンジニアごとの視野が狭くなるこのフェーズにおいて、全体を俯瞰（ふかん）する立場にあり品質を確実に作り込める役割を担えるのはITアーキテクトだからです。準正常系や異常系の仕様など、これまで明文化されなかった「暗黙の仕様」が、詳細を詰める担当者レベルの作業で決まることが少なくありません。この事後的に決まる仕様が、全体整合を崩す潜在的リスクです。

IT アーキテクトは機能横断的な仕様を可視化しなければなりません。注目すべきは機能パッケージ（機能のまとまりで、この単位で担当エンジニアがいる）をまたがる「排他制御」や「状態遷移」です。

各エンジニアは担当範囲内で要求仕様を詳細な設計に落とし込むことはできますが、その作り込みが担当範囲を超えた領域にどのような副作用をもたらすのかを想像するのは簡単ではありません。そこでIT アーキテクトは、「(3) 排他制御（シリアライズ）仕様書」「(4) 状態遷移図（詳細）」として機能横断的な仕様を作成します。

副作用はデータベースへの「意図しない」永続化処理に起因します。意図しない永続化処理を起こさないために「排他制御」が必要ですし、「状態遷移」が明確であれば作り込み時に副作用を意識しやすいというわけです。すべての機能が互いに独立していればこのような意識は不要ですが、通常はデータベースを経由してそれぞれの機能は何らかのデータ的関連を持っています。

詳細設計フェーズでIT アーキテクトが主に作成するのは「(1) インデックス設計基準書」「(2) データ運用設計書」「(3) 排他制御（シリアライズ）仕様書」「(4) 状態遷移図（詳細）」の四つです。順に説明します。

(1) インデックス設計基準書

「インデックス」とはデータベースのインデックスのことです。ここまでを通してデータベースを設計してきましたが、これまではインデックスを取り上げてきませんでした。

IT アーキテクトがインデックス設計の整合を取らないと、どうなるでしょうか。よくあるのは、アプリケーションを実装するエンジニアがバラバラに付けてしまうことです。「このカラムにインデックスを付けて処理性能を高めよう」と個別に考えてしまい、全体としてのまとまりがなくなってしまいます。もう一つ考えられるのは、テストフェーズになって慌ててチューニングをすることになり、そのときにインデックスを付けることです。

IT アーキテクトは、このどちらも起こらないようにしないといけません。なぜなら、インデックスは参照性能を高める効果がある一方で、副作用もあるからです。基本的なことになりますが、ここでインデックスの副作用をまとめておきます。

副作用１　更新処理の遅延

まず、更新処理が遅くなります。インデックスの更新はRDBMSが自動的に行ってくれます。テーブルへレコードを追加したら、インデックスの更新はRDBMSが行います。参照性能が高くなるからと一つのテーブルに多くのインデックスを付けると、データ更新時のインデックス更新の処理は無視できないくらい重たくなります。

もし設計したアーキテクチャーが「更新性能がボトルネックになりやすい」のであれば、インデックスを安易に付けることはできません。では、本書で取り上げてきたケースではどうでしょう。2-2のアーキテクチャー分析の「推論」で、次のように書きました。

> 検索処理が問題になる可能性は低いが、更新処理、特にログの書き出しがボトルネックとなる可能性が高いところまで分析しました。…（中略）…。ITアーキテクトはこのリスクをどのように回避すればいいかを考えます。ここでは大胆なアイデアを思いつきました。「更新してもログには書き込まない」というアイデアです。ログを書き出さなければボトルネックになることはありません。

本書で紹介しているケースではデータベースを更新してもログに書かないアーキテクチャーを採用していますので、インデックスの更新処理が問題になりにくいと判断できます。

副作用２　増大するデータ領域

二つめは、インデックスを付けるとその分のデータ領域が必要になることです。これは特にトランザクションデータを保管するテーブルで問題になりやすいものです。一般にトランザクションテーブルのレコード数は多くなりますので、こうしたテーブルにインデックスを付けるときはデータ領域に十分注意する必要があります。

ただデータ領域といっても、最近ではディスク領域が問題になることはあまり多くありません。注意すべきはメモリーのサイズ。つまり、キャッシュサイズです。インデックスを無視してキャッシュヒット率を考えていると、予想以上にインデックスのデータ領域が必要になってキャッシュヒット率が低下した、ということになりかねないからです。

本書で取り上げてきたケースではどうでしょうか。2-2のアーキテクチャー分析のときに次のように推論しました。

ピーク時の検索処理は3台のノードに分割されます。インデックスはすべて物理メモリー（tmpfsという仕組みを使う）に常駐し、レコードは共有バッファーにキャッシュします。

インデックスは、Linuxに備わる「tmpfs」という仕組みを使ってメモリーに常駐させることにしました。テーブルデータのキャッシュとは異なる領域を使うので、インデックスを付ける際はtmpfsの領域だけを確認すればいいことになります。

ではここから、インデックス設計基準書の作り方について説明します。「STEP1●主キー／外部キー明確化とインデックス指針」「STEP2●カラムのデータ型を標準化」「STEP3●検索キーの定義」の3ステップがあります。

STEP1 ●主キー / 外部キー明確化とインデックス指針

インデックス設計基準を策定する際には、どのようなインデックスがあるのかをすべて把握することが求められます。そこで最初にすべきことは、テーブルの主キーと外部キーを明らかにすることです。これらは参照性能を向上させることが主目的ではありませんが、インデックスとして存在しますので、テーブルごとに整理します。

主キーと外部キーを明らかにしたら、どのカラムにインデックスを付けるのか、その指針を決定します。ここでは指針を示すことが大事になりますので、テーブルのカラムを「主キー」「外部キー」「属性」「登録日時」に分類し、「属性」にインデックスを付けるのかどうか、「登録日時」はどうするのかという方針を決めます。「属性」とはキーや登録日時以外のカラムを示します。次ページの**図3-9**の例では属性にはインデックスを付けない指針にしています。

STEP2 ●カラムのデータ型を標準化

インデックスを付けるカラムの指針を決定したら、そのカラムのデータ型を標準化します。例えばマスターテーブルはレコード数が相対的に少ないので、主キーのカラムは「INTEGER（4バイト）」でよく、トランザクションテーブルはレコード数が多いので、主キーのカラムは「BIGINT（8バイト）」にする、といったことを決めます。

このステップでポイントとなるのは登録日時のデータ型です。「年月日時分秒」を一つのカラムで表すこともできますし、「年」「月」「日」「時」「分」「秒」をそれぞれ別々のカラムにすることも、またそのデータ型を数値にしたり、文字列にしたりとさまざまな方法が考えられます。それを標準化します。

図3-9ではマスターテーブルの登録日時はインデックスを付けない方針ですの

テーブルの種類	カラム	カラムの型	インデックスの指定	備考
マスター	主キー（PK）	INTEGER（4バイト）	有	レコード数が相対的に少ない
	外部キー（FK）	INTEGER（4バイト）	有	他のマスターテーブルの主キー
	属性	ー	無	ー
	登録日時	BIGINT（8バイト）	無	年月日時分秒（YYYYMMDDHHMMSS形式）
トランザクション	主キー（PK）	BIGINT（8バイト）	有	レコード数が相対的に多い
	外部キー（FK）	BIGINT（8バイト）	有	他のトランザクションテーブルの主キー
	外部キー（FK）	INTEGER（4バイト）	有	マスターテーブルの主キー
	属性	ー	無	ー
	年	SMALLINT（2バイト）	有	YYYY形式で複合インデックス
	月	SMALLINT（2バイト）	有	MM形式で複合インデックス
	日	SMALLINT（2バイト）	有	DD形式で複合インデックス
	時分秒	INTEGER（4バイト）	無	時分秒（HHMMSS形式）

図3-9 インデックス設計基準書の例

で、マスターテーブルの登録日時は「BIGINT（8バイト）」としています。これは「年月日時分秒」を一つのカラムで表現する方法です。一方、トランザクションテーブルでは「年」「月」「日」の複合インデックスを付ける方針です。つまり、日を指定したレンジ検索を基本とし、月指定の検索は日単位の検索を並列に実行するということです。「年」「月」「日」「時分秒」の順に、「SMALLINT」「SMALLINT」「SMALLINT」「INTEGER」としています。

忘れてはならないのが、上記でカラムの方針を決めたら、それをテーブル設計書に反映させることです。例えば**図3-10**のように記述して、インデックス設計基準とテーブル設計書が不整合を起こさないように十分に気を配ります。

STEP3 ●検索キーの定義

最後は、インデックスの形式を指定します。具体的には、Bツリー型なのかハッシュ型なのか、ビットマップ型なのかといった形式のほか、Bツリーの場合は単一インデックスにするのか複合インデックス（複数カラムを組み合わせたインデッ

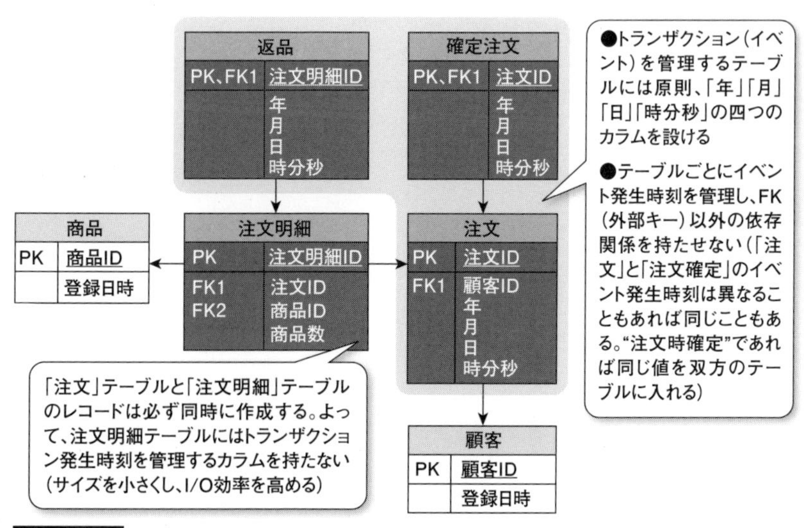

図3-10 トランザクションテーブル設計書の追記例

クス）にするのかという方針を決めます。図3-9ではトランザクションテーブルの「年」「月」「日」を複合インデックスにする方針にしています。

(2) データ運用設計書

Bツリー型インデックスの場合、データの削除や追加を繰り返すことでインデックスの効果が小さくなることがあります。データの断片化が進み、I/Oが増えてしまうからです。このように、システムを運用し続けると設計段階で期待した効果が小さくなることがあります。それを回避するには、運用に入ってから何をすべきなのかを決めておかねばなりません。それが「データ運用設計」です（**図3-11**）。ITアーキテクトがすべき重要な設計の一つです。

データ運用を考える場合、三つのステップがあります。「STEP1●保全対象の決定」「STEP2●非機能要件のトレードオフの把握」「STEP3●定常運用と臨時運用の作業項目の明確化」の三つです。

STEP1●保全対象の決定

	タスク	実施の有無	実施間隔・タイミング	備考
定常運用	差分バックアップ	有	日次	直近1日にINSERTされた新レコードのバックアップ。トランザクション系のテーブルは（年、月、日）の複合インデックスを利用してレコードを抽出
定常運用	フルバックアップ	無	ー	一度INSERTしたレコードは引き落とし処理まで更新されないので差分バックアップで十分
定常運用	ANALYZE	無	ー	ー
定常運用	Auto Vacuum	無	ー	論理削除、論理更新のテーブル設計にすればテーブル領域の断片化は発生しないので不要
臨時運用	データ引き落とし	有	任意	複合インデックスを使い、期間指定で対象レコードを特定
臨時運用	Vacuum Full	有	データ引き落とし	永続化ノードを切り離し、1ノードずつ実施（テーブル領域の断片化を解消する）
臨時運用	インデックス再作成	有	Vacuum Full	インデックス領域の断片化を解消する
臨時運用	データ同期	有	データ保全後	ノードをINSERT ONLYモードでオンライン化し、他の永続化ノードから復旧

図3-11　データ運用設計書の例

まず、システムの運用が始まってから保全しなければならないものを明らかにします。機器の故障などを想定すれば、データベースに保管しているデータそのものが保全対象になります。

故障などを想定しなくても、データの更新が行われることで状態が変わり、性能や可用性などに影響を与えるものも保全対象になります。例えば、前述したようにインデックスはデータの削除や追加により断片化しますので、インデックスデータは保全対象になります。解消するにはインデックスを再作成します。同様に、データも断片化しますので保全対象になります。また、RDBMSでは通常コストベースのオプティマイザーを使いますので、オプティマイザーが参照する統計情報も保全対象となります。統計情報の更新作業を「ANALYZE」処理と呼びます。

STEP2 ●非機能要件のトレードオフの把握

続いて、保全作業や保全処理によるマイナス面がどこまで許されるのかを検討します。データベースを毎回フルバックアップすると、データ量が増えただけオンライン処理の性能に悪影響を与えてしまいます。そうした、運用性と性能、運用性と可用性などのトレードオフに何があるのか、どの程度犠牲にできるのかを決定します。データベースのバックアップだけでなく、インデックスの再作成処理もANALYZE処理もオンライン処理に悪影響を与えます。

バックアップを例に説明しましょう。バックアップ作業にはさまざまな方法があり、その手法によりバックアップ時間もバックアップ処理の負荷も違ってきます。オンラインバックアップは、システムを停止させずにバックアップを取得する方法です。それに対してオフラインバックアップは、オンライン処理を切り離してバックアップ処理を行う方法です。オフラインバックアップなら、オンライン処理に悪影響を与えることはありません。オフラインバックアップなどできないと思われるかもしれませんが、3台以上のクラスタリング構成を採用している場合、1台をオンライン処理から切り離してオフラインでバックアップを取得する方法は一般的です。

バックアップ取得の方法には、毎回フルバックアップを取得する方法もありますし、前回のバックアップからの差分だけを取得する方法もあります。前者よりも後者の方が一般に処理負荷は小さくなります。このように書くと差分バックアップがいいように思えますが、差分バックアップはフルバックアップよりもリストアが面倒になります。つまり、運用性が下がるということです。どのバックアップ手法を採用するかを決め、それにより性能や可用性にどの程度の影響があるかを把握します。

STEP3 ●定常運用と臨時運用の作業項目の明確化

保全作業は「定常運用」と「臨時運用」に分けて考えます。前者は日次など定期的な運用で、後者はしきい値を超えた場合や特別な作業を施した場合に実施する運用です。具体的にどのような作業があるのかを整理します。

定常運用の代表的な作業はデータベースのバックアップです。本書で説明してきたケースで、具体的に検討してみます。今回のアーキテクチャーでは、データの更新や削除は論理的に行います。つまり、INSERTしたレコードは変化しませんので、毎回フルバックアップをする必要はありません。バックアップはインデックスを活用し、追加されたレコードを差分バックアップするので十分です。

臨時運用の代表的な作業として、データ領域の断片化解消とデータ領域の拡大の二つがあります。これらの作業はオンライン中に行うのは難しく、通常はデータベースをオフラインにして行います。

本書で説明してきたアーキテクチャーでは、永続化ノードを「N+2構成」としています。一つのノードをオフラインにしても2重化を維持し、可用性を担保できます。不要なレコードの引き落とし処理や、データ領域の断片化を解消する「Vacuum Full」、インデックス領域の断片化を解消する「インデックスの再作成」などは、一つのノードを切り離して（オフラインにして）実行します。

オフライン中もほかの二つのノードにはデータ更新要求が発生しますので、臨時運用作業が終了した時点でノード間のデータ同期が崩れていることになります。それを解消しなければなりません。オフラインで作業したノードをオンライン化させ、その上でテーブルごとの比較により欠落した差分レコードをINSERTします。復旧中の永続化ノードはINSERT ONLYモード（読み取り禁止）として、参照整合性を保ちます。「年」「月」「日」のインデックスを使うことで、大量レコードを保持するトランザクションテーブルをフルスキャンせずにデータ同期を完了させることができます。

(3) 排他制御（シリアライズ）仕様書

データ整合を維持するために必要な排他キーと機能の関係を示した文書が「排他制御（シリアライズ）仕様書」です。あえて「設計」ではなく「仕様」という言葉を使っています。その理由は、要件定義で明記されることが少ない「暗黙の仕様」の代表格だからです。例えば、シリアライズ（処理の直列化）は、一つしかない商品を複数の顧客が同時に購入しようとした場合に必要です。並列に処理した処理が直列化するので、システムの更新性能を大きく左右します。直列化のスコープを狭くすることで論理的には更新処理の同時実行性を高めることが可能ですが、処理の直列化にはオーバーヘッドが生じるため性能が劣化します。このように一貫性と性能にはトレードオフの関係があり一意に要求仕様が決まらない事項について、仕様が不明なまま設計をすると後に運用上の課題となります。

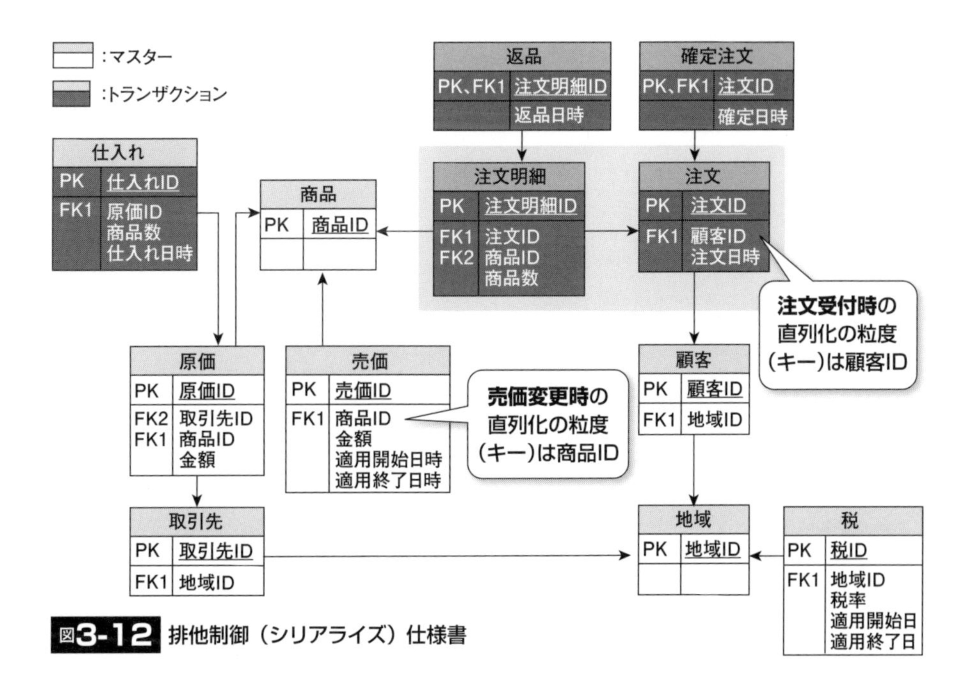

図3-12 排他制御（シリアライズ）仕様書

ITアーキテクトは、システム全体のデータ整合を保ちつつも、トランザクションの同時実行性を最大化するために機能横断的な立場から排他制御（直列化の粒度）の仕様を決める必要があります。特に機能パッケージをまたがる排他制御が必要な場合は主体的に仕様策定に参加し、性能要件を満たせることを机上評価しながら詳細設計を支援します。

直列化の粒度のほかに、シリアライズの処理方式も決めます。シリアライズ処理方式には、ロックを用いる方式とキュー（待ち行列）を使う方式があり、ロック処理方式は「楽観」と「悲観」に大別できます。前者はテーブル構造にバージョン番号などを管理するカラムが必要になるため、更新機能とテーブル構造の関連が密になります。後者はロックの粒度設計次第で同時実行性が低下する懸念があります。また、キューを用いた方式では応答性能要件を持たすように、待ち行列

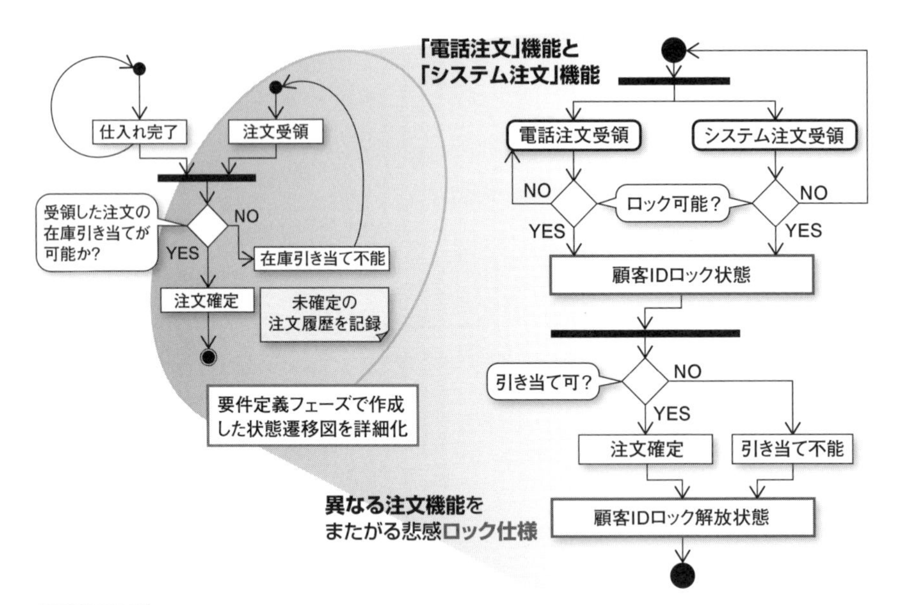

図3-13 状態遷移図（詳細）

の分割配置と直列化処理を減らす工夫が必要です。

図 3-12 が排他制御仕様書の例です。大規模システムになると当然処理の直列化が必要な箇所も増えます。すべての排他制御仕様を IT アーキテクトが一元管理するのは難しくなりますので、IT アーキテクトは複数機能をまたがるような更新処理に注意を払います。

(4) 状態遷移図（詳細）

機能パッケージをまたがる仕様については、IT アーキテクトが詳細に検討します。また、機能パッケージをまたがらなくても、詳細設計フェーズでは排他制御仕様や追加仕様による影響を鑑み、複雑な機能については状態遷移を詳細に検討します。

一つの例を示しましょう。**図 3-13** 左は要件定義フェーズで作成した注文受付機能の状態遷移図です。この段階ではシステムで注文を受け付けるだけでしたが、その後､電話での受け付けも仕様に加わってきました。「システム注文」機能と「電話注文」機能は別々のエンジニアにアサインされていましたので、そのままでは排他制御が不十分でデータ不整合などが発生するかもしれません。そこでITアーキテクトが機能にまたがる状態遷移図を作成し、不整合が起こらないようにします（図 3-13 右）。

IT アーキテクトは、個別機能の担当者のスコープでは見渡すことができない、機能横断的な仕様を可視化し、この明らかになった仕様から各機能パッケージの責務を矛盾の無いように規定します。冗長な自然言語の羅列ではなく簡潔な図を用いて、機能横断の仕様のエッセンスを明確に描くことで、各担当者は個別要素の詳細設計に集中できるようになります。

まとめ

- ●開発者がバラバラにチューニングしないようにデータベースのインデックスの設計基準を明確にする。
- ●定常運用と臨時運用に分けてデータ運用設計書を整備する。
- ●要件定義フェーズ以降に決まった要求仕様が、機能の独立性を壊していないかどうかを確認する。

第4章

アプリケーションフレームワーク

4-1 実装

フレームワークで不要な自由を奪う

情報システムには「アーキテクチャー」が存在します。見えづらくて分かりにくいかもしれませんが、確かに存在します。いいシステムには優れたアーキテクチャーがあります。一方で、アーキテクチャーが崩れてしまったシステムは、メンテナンスしづらく、性能や可用性などに問題を抱えているものです。

システムの設計・開発・運用に携わるエンジニアは、常にアーキテクチャーを意識していなければなりません。そこで中心的な役割を担うのが「IT アーキテクト」です。個々の設計がアーキテクチャーに沿ったものになるように、プログラムがアーキテクチャーを具現化したものになるように、一度作成したアーキテクチャーが運用後の改修で崩れないように、IT アーキテクトは設計基準を作成したり、レビューしたりするのです。

アーキテクチャーが崩れないようにするのも役割

本書では、IT アーキテクトが何を考え、何をしているのかを明らかにします。本書を読むことで、読者の方が IT アーキテクトとしての基本的な役割を果たせるようにする。それが本書の狙いです。第４章の狙いも、本書の第１章～第３章までで紹介した内容と同じです。第３章まではシステム開発の V 字モデルに沿って、要件定義フェーズ、基本設計フェーズ、詳細設計フェーズでの IT アーキテクトのタスクと成果物を説明しました。アーキテクチャーの設計方法と分析方法、および、各種設計基準書（個々のエンジニアの設計がアーキテクチャーに沿うようにするためのもの）の作成方法などを取り上げました（**図 4-1** 左）。

第４章以降では、システム開発のフェーズでいえば実装フェーズ以降が対象です。実装フェーズ、テストフェーズ、保守フェーズでの IT アーキテクトのやるべきことを説明します（図 4-1 右）。

アーキテクチャーを設計することだけが IT アーキテクトの役割ではありま

せん。設計しただけでは「絵に描いた餅」になってしまいます。実装フェーズでは中国やインドでオフショア開発をするかもしれません。そうした開発体制であっても、設計したアーキテクチャーに合ったアプリケーションプログラムが作られるようにしなければなりません。運用後の保守フェーズで好き勝手にプログラムを改修してしまうと、アーキテクチャーが崩れてしまいます。そうならないようにしなければなりません。これらもITアーキテクトの重要な役割です。

アプリケーションプログラムといっても画面や帳票などユーザーインタフェース（UI）周りもあれば、データアクセス部分などもあります。本書では「MVC（Model-View-Controller）」パターンでいうところの「モデル（Model）」に焦点を絞ります。なぜなら、モデルがアプリケーションプログラムの肝であり、アーキテクチャーの維持において重要な部分になるからです。ちなみにモデルとは、アプリケーションプログラムのうち、UIと制御ロジックを除いたすべてになります。主に業務ロジックや、データベース上のテーブルを操作する部分です。

また、本書でソースコードを示す場合、Java言語で記述します。

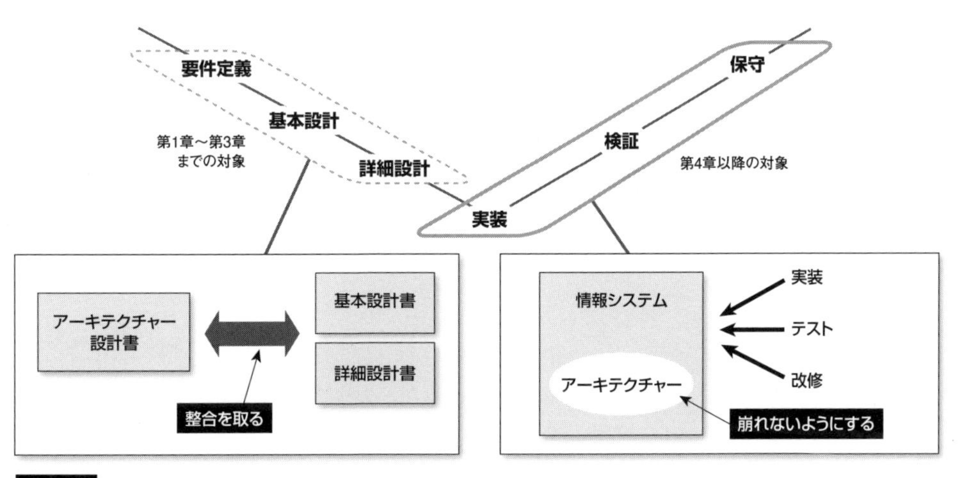

図4-1 本書の各章の位置づけ

ルールは守られるとは限らない

4-1では、実装フェーズを対象にします。詳細設計書があることを前提にしますが、「詳細設計書があればアーキテクチャーに沿ったプログラムが作られる」と考えるのは楽観的過ぎます（**図4-2**）。一般に、同じ結果を返すプログラムであっても、プログラマが違えばソースコードの書き方は異なるものです。

また、ソースコードを記述したプログラマがメンテナンスをするとは限りません。ほかのプログラマがメンテナンスすることの方が多いでしょう。意図の分かりづらいソースコードでは、アーキテクチャーの維持以前の問題として、改修が難しく、新たなバグを埋め込むことになりかねません。

こうしたことを回避するには、どうしたらいいのでしょうか。それがここでのテーマです。ITアーキテクトがやるべきことは、(1) コーディング規約の策定と、(2) アプリケーションフレームワークの作成です。これらにより、アーキテクチャーと整合するアプリケーションプログラムにするだけでなく、コーディングしたプログラマでなくてもメンテナンスしやすく新たなバグを埋め込みにくくします。

コーディング規約を紙にまとめても守ってくれなければ意味がない——。そ

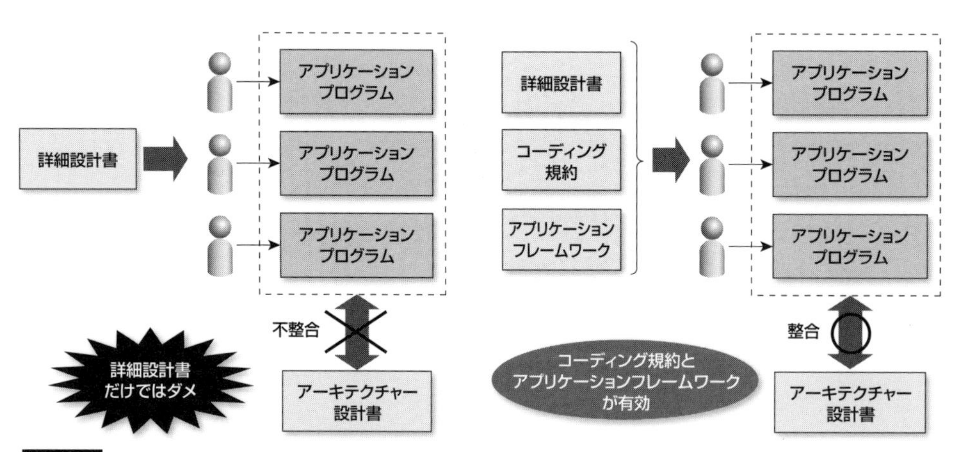

図4-2 実装するにはコーディング規約とアプリケーションフレームワークが有効

う指摘されそうですね。実はその通りです。散見されるのは、何十ページにもわたって細かくルールを書いたコーディング規約です。書いた本人は満足しているかもしれませんが、あまりにもルールの数が多いと、そのすべてを守ることなどできません。書いただけで守られると思わない方がいいのです。だから筆者は、守るべきルールは少なければ少ない方がいいと考えています。あるプロジェクトで筆者が策定したコーディング規約（の実装基準）は数項目でした。

なぜ数項目だけでいいのでしょうか。答えは、(2) アプリケーションフレームワークにあります。そもそもコーディング規約を策定するのは、そこにプログラマにとって「不要な自由」、言い換えるなら「プログラマも積極的に欲していない自由」があるからです。IT アーキテクトは、プログラマから不要な自由を奪い、想定した通りにしかソースコードを書けないようにフレーム（枠）にはめるのです。

開発時に使う道具は多過ぎるといけない

アプリケーションプログラムを作成するには道具が必要です。IT アーキテクトが意図した通りのプログラムを作成してもらうには、「道具の数を減らす」ことです。習得する道具の数が少なければ、それらの道具で誰が開発しても同じようになるはずです。習得に時間がかからず、すぐにコーディングに取りかかることもできるでしょう。道具の数が多ければどれを使ったらよいかと迷い、プログラマの裁量でコーディングをしてしまいます。適切な道具を探すのに時間がかかるかもしれません。既存のアプリケーションプログラムを読み解かなければならない保守開発者は、プログラミングに用いた道具を理解しなければなりません。そうしたことを考えても、道具の数は少ない方が効率的です。

ここで言う「数を減らした道具」は、アプリケーションフレームワークのことです。注意しなければならないのは、道具が多過ぎても少な過ぎても、プログラマが望まない自由を与えてしまうということです。多過ぎる道具の場合、適切な道具を選ぶのが難しく、誤用という自由が生じてしまいます。組み合わせに自由度が増す分、検証負荷も上がります。「道具の提供者と利用者の間に誤解を生まないこと」を前提条件として、道具の数を減らしていきます。

また、「質の高い道具」を最初から作ろうとしてはいけません。問題領域を認識できていなければ、質の高い解決策を生み出すことはできないからです。実装バグの原因や冗長なコードなどの目の前にある課題を出発点として、どうしたらそれらを排除できるかを考えます。つまり、帰納的なアプローチです。何か証明された定理があり、それに従えばうまくいくという演繹的なアプローチが通用しにくい領域です。

言い方を変えれば、どんなソースコードにしたいかという思いにより道具の形は変わってきます。やや抽象的な表現になってしまいましたが、次のことだけは言えます。どのようなアプリケーションフレームワークを作成すればいいかというのは難題ですが、それによってアプリケーションプログラムの質が大きく変わります。

以下では、(1) コーディング規約と、(2) アプリケーションフレームワークについて説明します。ここで示すのは筆者の経験に基づく一つの例で、システムによっては合わないかもしれませんが、考え方は参考になると思います。

名前を見ればそれが何なのかが分かる規則

コーディング規約として筆者は三つの成果物を用意します。それは、「(a) 実装基準」「(b) べからず集」「(c) サンプルアプリケーション」です。

コーディング規約

○メソッド名、変数名の付け方は、……とする。

○SQL 文、for 文、if 文は使用禁止とする。

○1 メソッドは 1 ステップで記述すること。

○引き数は定数とし、変数（ローカル変数）は使わない。

図4-3 コーディング規約の例

（a）実装基準の例を**図 4-3** に示します。筆者が実装基準に必ず入れるのは、メソッド名や変数名の命名規則です。名前を見ればそれが何なのかが分かるような規則にします。例えば、「ImmutVOs」というクラス名で説明します。「Immut」とは Immutable の略で、一度初期化した値は変化しない不変性を意味します。「VO」はオブジェクト名（この場合は「IValueObject」）を意味し、「s」はそのオブジェクトの配列を意味します。つまり、ImmutVOs は、一度初期化した IValueObject 型オブジェクトの配列で、その値が変化しないことを表しています。

そのほかの実装基準はアプリケーションフレームワークと密接に関係していますので、アプリケーションフレームワークのところで説明します。

（b）べからず集というのは、「～しないこと」をまとめたものです。現場でよく見かけるコーディング規約は「～すること」がたくさん列挙されているものです。あまりにもたくさんあって、ルール同士が矛盾していることも珍しくありません。また、ルール適用の優先順位に迷う場合があります。コーディング規約で指定するルールは互いに独立していなければなりません。しかし、それでは詳細な規約を表現できない場合があります。そこで、実装基準に加え、「～しないこと」という「べからず集」として蓄積します。

ちなみに、アプリケーションフレームワークが成熟しているほど「べからず集」は少なくて済みます。成熟していれば、望まないプログラムを作ることができないようになっているからです。べからず集の存在は、アプリケーションフレームワークを熟成させる原動力になります。

プログラマは、ソースコードをコピー＆ペーストしてプログラムを作成します。ゼロからコードを書くより、似たようなコードを参考に適宜修正しながら開発する方が楽だからです。プログラマは通常、仕様を完全に理解してから API を使おうとはせず、まずは動作することを優先します。期待通りの結果が得られない場合、仕様を調べます。仕様の理解は後から付いてくるということです。

IT アーキテクトはプログラマのこういった習性を踏まえて、コピー元となる良質な（c）サンプルアプリケーションを用意します。そうすれば、プログラマは良質なコードを作成します。

同じコードを書かないように総称型（ジェネリクス）の仕組みを利用

ここから、筆者の経験に基づいて、お勧めするアプリケーションフレームワークについて説明します。筆者がアプリケーションフレームワークを整備する際に念頭に置くのは、「(i) プログラマが記述するコード量を減らすこと」と、「(ii) ソースコードの書き方を規定すること」です。

(i) コード量を減らすことができれば、生産性が高まりやすくなります。バグを埋め込む可能性も減らすことができます。(ii) プログラムの書き方を規定すれば、誰が書いても同じようなコードになるので、読みやすくメンテナンスしやすいプログラムになります。それだけでなく、不要な自由を奪うことになるので、品質を高めることもできます。例えば、アプリケーションフレームワークの作り方によっては、「ローカル変数禁止」にすることが可能です。メソッド内で（ローカル）変数を使えば、意図しない箇所で別の値が代入される可能

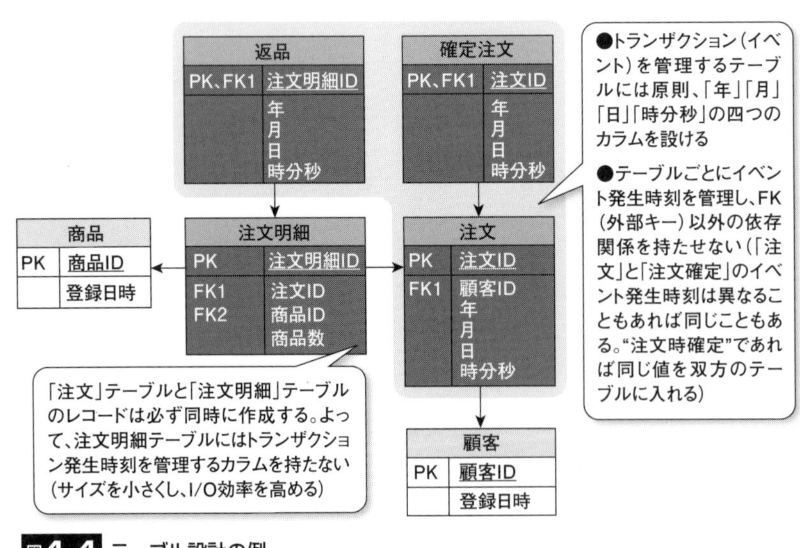

図4-4 テーブル設計の例

性があるので、変数の誤用のリスクが常に存在します。変数の利用を禁止にすれば、テスト漏れを気にせず、そうしたリスクを完全に排除できます。

(i) コード量を減らすことから考えてみましょう。減らせるコードには何があるでしょうか。業務ロジックの部分などは、要件に合わせて作る必要がありますので対象になりにくいです。減らせる候補の1番目は、ソートや集計などの集合演算処理です。

具体的に考えてみましょう。**図4-4**のようなテーブルがあるとします。ここではMVCパターンのM（Model）に焦点を絞っているので、シンプルに、テーブルごとにクラスを規定するとします。図4-4に基づけば、商品クラス、注文クラスなどを作ることになります。このとき、「商品オブジェクトをソートする」「注文オブジェクトをソートする」といった処理が必要になります。商品と注文の違いはありますが、「ソートする」の部分は同じです。

商品オブジェクト用のソート処理と注文オブジェクト用のソート処理を想像してみてください。おそらく同じようなコードがたくさんあります。そうした部分を共通ライブラリとして用意しておけば、コードを減らすことができそうです。そのために「総称データ型」と「集合演算ライブラリ」を用意します。

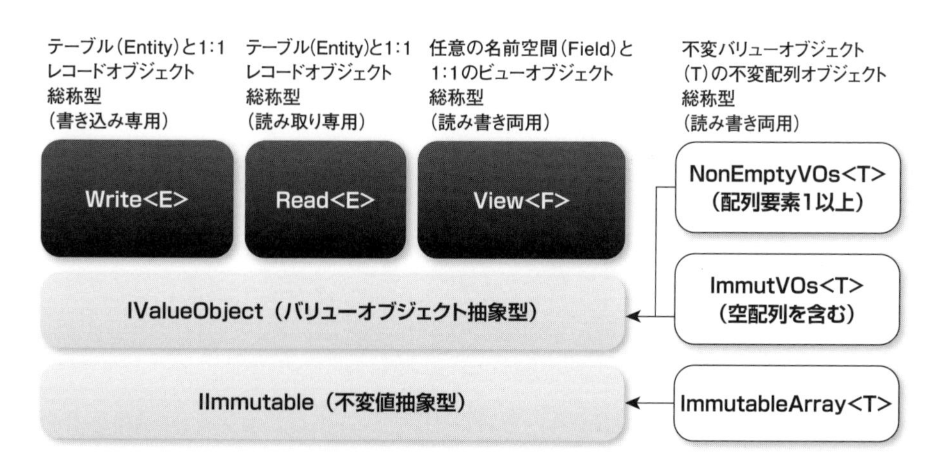

図4-5 総称データ型の例

総称データ型の例を前ページの**図 4-5** に示しました。「Item 型」（商品クラスを表すデータ型）や「Order 型」（注文クラスを表すデータ型）という具象データ型をテーブルと 1：1 の対になるように名前空間（Name Space）を定義します。これらを総称データ型の Read や Write に Type Parameter（E）として与え、テーブルと 1:1 で読み書きする際の値を管理する型を定義します。また、「IValueObject 型」（すべてのデータ型の親となる型）といった抽象データ型を規定しています。商品テーブルや注文テーブルの値を管理する総称データ型は IValueObject の子どもに当たりますので、IValueObject 型を基にソート処理を記述しておけば、具象データ型ごとに作成する必要がなくなります。

総称データ型を規定すれば、コード量を減らせます。図 4-4 のテーブルを見ると分かりますが、商品と顧客という異なるテーブルはカラム名が異なりますが、ID を管理する主キーとその属性として「登録日時」があり値の管理として同じ構造です。つまり、個々のテーブルごとに異なる名前管理とテーブル設計パターンで共通化できる値の管理を分離すれば、総称データ型（フレームワーク）に値管理の煩雑さを閉じ込めることができるのです。マスター型クラスを使った処理を考えたとき、「登録日時を参照する」というコードを記述することになります。

マスターテーブル用に特化した総称データ型で「登録日時を参照する」のメソッドを定義し、その総称データ型に対して処理を記述しておけば、具体的なテーブルごとにコードを記述する必要がなくなります。なお、「I」で始まる型はインタフェースです。

自由に書くとバグの温床に

続いて、(ii) ソースコードの書き方を規定することを考えてみます。これは図 4-3 に示したコーディング規約の実装基準と連動しており、例えば「for 文の禁止」「if 文の禁止」「ローカル変数の使用禁止」といった規定が考えられます。for 文は繰り返し処理をさせる際に使う構文、if 文は条件に基づいて処理を分岐する構文です。「そんなことまで規定するの？」と思った読者もいるでしょう。集合演算ライブラリや分岐部品を整備することで可能になります。

なぜfor文、if文、ローカル変数を制限するかといえば、これらを自由に使えると、バグの温床になるからです。例えば次のようなプログラムを書いたとしましょう。

```
for( i = 0 ; i < 10000 ; i++ ) {
  for( j = 0 ; j < 1000 ; j++ ) {
    //i,j を使った手続き
  }
}
```

この場合、プログラマが変数i、jを誤用するかもしれません。さらにはループ回数を間違うかもしれません。そうした誤用の可能性をなくすには、アプリケーションプログラマにfor文を書かせず、ローカル変数を使わせないようにすればいいのです。

```
ImmutVOs<View<Field.Order>>
equiJoin(
    NonEmptyVOs<Read<Record.Order>> orders,
    ImmutVOs<Read<Record.LineItem>> lineItems) {

    return
        equi(
            orders,
            lineItems,
            (order,lineItem)->
                View.Builder.
                    create(Field.Order.class).
                    setValuesFrom(order).
                    setValuesFrom(lineItem).
                    build(),
            order->order.getTxId(),
            lineItem->lineItem.getTxId(),
            Cardinality.Equi.OneToMany);
}
```

図4-6 集合演算ライブラリ(equi)の利用例

別の例になりますが、データベースからある条件で取り出したレコードに対して処理するケースを考えます。このとき取り出した結果が0件かもしれませんので、必ず0件かどうかを判定する必要があります。if文を使うのが一般的ですが、意外とミスの多い部分です。情報システムの不具合の多くは条件分岐の考慮漏れが原因なのです。「if（条件式）」では、条件式に何でも書けますので、バグが混入しやすくなります。そこで分岐に当たるところの部品を整備します。

どのようなライブラリや部品なのかは、とてもこの連載では説明できませんので、ここではライブラリを利用するアプリケーションプログラム側を見てみます。前ページの**図4-6**は、注文（Order）オブジェクトの配列と、注文明細（LineItem）オブジェクトの配列を、両方のオブジェクトに共通するOrder_Idの値で等結合しているコードです。通常なら二重のforループで記述するところですが、ライブラリで提供している一つのメソッド（equi）を呼び出すだけになっています。

```
ImmutVOs<View<Field.Order>>
createOrderViews() {

    return
        selectOrders().
        unlessEmpty(
            orders->
                equiJoin(
                    orders,
                    selectLineItems(
                        Distinct.Record.Tx.longPKs(orders))));
}

ImmutVOs<Read<Record.Order>>
selectOrders() {・・・}

ImmutVOs<View<Field.Order>>
equiJoin(
    NonEmptyVOs<Read<Record.Order>> orders,
    ImmutVOs<Read<Record.LineItem>> lineItems) {・・・}
```

図4-7 分岐部品(unlessEmpty) の利用例

見慣れないと分かりづらいと思うかもしれませんが、図 4-6 は「equiJoin」というメソッドを示しています。その戻り値の型は「ImmutVOs<View<Field.Order>>」で､引き数は 2 個でそのデータ型は「NonEmptyVOs<Read<Record.Order>>」と「ImmutVOs<Read<Record.LineItem>>」です。このメソッドの本体に当たるのは return の後ろの部分で、そこで「equi」を呼び出しています。

分岐部品の利用例を**図 4-7** に示しました。注文（Oder）オブジェクトの配列に何らかの処理を加えている例です。配列サイズがゼロかどうかを判断する必要がありますので、通常なら if 文を記述するところですが、if 文ではなく、ImmutVOs の「unlessEmpty」メソッドを呼び出しています。図 4-7 は createOrderViews を説明しています。selectOrders() の戻り値は ImmutVOs<Read<Record.Order>> で空配列かもしれません。この戻り値に対して unlessEmpty を呼び出すことで配列サイズが 1 以上であることが保証された型 NonEmptyVO s <Read<Record.Order>> を第一引数に、図 4-6 で示した equiJoin を呼び出しています。同時に配列が空の場合は後続の equiJoin を実施できませので createOrderViews の戻り型である ImmutVO s <View<Field.Order>> を空配列として返却しています。図 4-6 も図 4-7 も、メソッドは 1 行になっています。図 4-3 の実装基準に沿ったものです。

まとめ

- ●アーキテクチャーに合ったプログラムになるようにすることは、ITアーキテクトの役割である。
- ●コーディング規約は守られるとは限らないから、少なければ少ない方がいい。
- ●フレームワークを整備することで、バグを埋め込みやすい構文を書かせないようにする。

4-2 検証

保守が大きく変わる九つのチェック項目

ITアーキテクトとしてやるべきことを明らかにしており、実装フェーズ以降を対象にしています。4-1では実装フェーズでのITアーキテクトのタスクや成果物を示し、鍵を握るのは「アプリケーションフレームワーク」で、プログラマも欲していない「不要な自由」を奪うことが大事だと説明しました。

4-2では検証（テスト）フェーズを対象にします。最初に、「検証フェーズでのITアーキテクトの視点」を説明します。ITアーキテクトは常に先を考えて行動するもので、このフェーズになると保守フェーズを見据えます。ただこの視点の行動はPM（プロジェクトマネジャー）と対立することがありますので、その点を理解して行動することが必要です。その後、「ソースコードのチェック項目」と、「テストの方針」を説明します。

検証フェーズでのITアーキテクトの視点

検証フェーズまでプロジェクトが進むと、ITアーキテクトは「システムをカットオーバーさせる」ことに加え、「将来にわたってシステムの品質を維持する」ことを強く意識しなければなりません。システムを使い続けると、改修したり機能強化したりすることが必要になります。そのときのことを考慮するのです。システム開発プロジェクトには「QCD（Quality：品質、Cost：コスト、Delivery：納期）」があります。PMはプロジェクトのスコープでQCDを考えますが、ITアーキテクトはシステムのライフサイクル全体を見てQCDを考えます（**図4-8**）。

そのために、実装・単体テストが終わった時点でプログラムの作り直しを依頼することがあります。たとえ必要なテストを実施していたとしても、プログラムの書き方が悪ければ保守・運用の際に問題を起こしやすくなります。そうならないように、実装・単体テスト終了時点で先手を打っておきます。

この考え方はPMの立場ではなかなか理解されません。PMは立場上プロジェクトの納期とコストを最優先に考えるので、保守・運用時に起こることの優先度を下げる傾向があるからです。ただ、プロジェクト完了までの納期とコストを重視し過ぎると、リリース後の保守メンバーを長期にわたって苦しめてしまうことを理解しなければなりません。例えば、保守・運用フェーズになると、システム全体でデグレード（改修時にシステムの品質が悪くなること）が起こっていないかどうかを確認することが必要です。そのための「ノンデグレードテスト」を改修のたびに実施するので、品質が低いとそのテストに手間がかかり、改修プロジェクトのコストと納期が悪化します。

初期リリース時にいかに品質を作り込んでおけるかが重要です。そのための取り組みを検証フェーズから本格化させます。ITアーキテクトは基本設計や詳細設計を通してプログラマの実装するソースコードをイメージしているものです。そのために、4-1で説明したコーディング規約を策定しますが、規約は確実に守られるとは限りません。また、詳細設計が完璧でも、その通りに実装されていると思わないようにしてください。設計段階で見通せないことがあり、

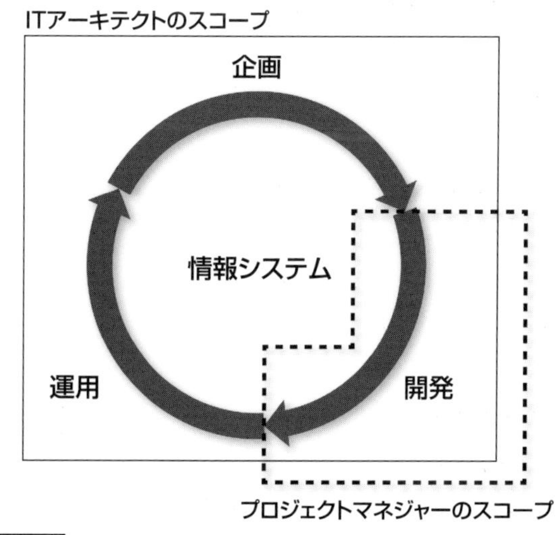

図4-8 スコープの違い

実装フェーズで設計を部分的に変えることは珍しくありません。そうした過程を経てプログラムは作られています。

ソースコードのチェック項目

では具体的に、検証フェーズでのITアーキテクトのやるべきことを見ていきましょう。実装・単体テストが終わり、結合テストや総合テストが本格的に始まる前と考えてください。プロジェクトの終盤となる検証フェーズでは時間に追われることが多く、現場では単体テストと結合テストの間に時間などないかもしれません。でもここでチェックすべきポイントが主なもので九つあります（**図4-9**）。順番に説明します。

(1) ソースコードのファイルサイズ

ソースコードは、例えばクラスなどの単位で一つのファイルを作ります。その一つひとつのファイルサイズを調べ、極端に大きなサイズのファイルがないかどうかを確認します。ソースコードのファイルサイズが大きいということは、一つのクラスの行数が多いということです。

そうしたファイルはおそらくITアーキテクトのイメージした実装とは違っているでしょう。よくあるのは、アプリケーションフレームワークを適切に利用していないケースです。ITアーキテクトはアプリケーションプログラマにとって不要な自由を奪うためにアプリケーションフレームワークを提供しますが、プログラマがその意図を理解せずにプログラムを作ってしまうことがあります。そうしたプログラムは行数が多くなってしまうものです。また、まとめて一つの処理でコーディングできるにもかかわらず冗長に記述したり、同じようなコードが繰り返し出てきたりするようなプログラムは、行数が多くなってしまいます。

このようなソースコードを見つけたら、ITアーキテクトは作り直しを依頼します。「単体テストが終わっているならいいではないか」と思う読者もいるでしょう。初期リリースだけを考えたらそれでいいかもしれませんが、後々のメンテナンスを考えた場合、イレギュラーなソースコードは必ずといっていいほど問題を起こします。

(2) ソースコードのファイル名

ファイル名の付け方はルール化しておきます。しかしそのルールが分かりづらく具体性に欠ける場合、命名規則通りになっていないことがあります。そうした場合、ファイル名だけでなく、変数名やメソッド名もルールに合っていない可能性が高いと考えられます。

ほかから呼び出される公開インタフェースは設計段階で決まっていますが、そうではない変数名やメソッド名は実装基準に基づいてアプリケーションプログラマが付けます。ソースコードは作った人が将来にわたってメンテナンスするとは限りません。たいていは別のプログラマがメンテナンスするでしょう。命名規則に合っていないと、後々問題になります。ITアーキテクトはこうしたファイルを見つけたら、ソースコードの作り直しを依頼します。

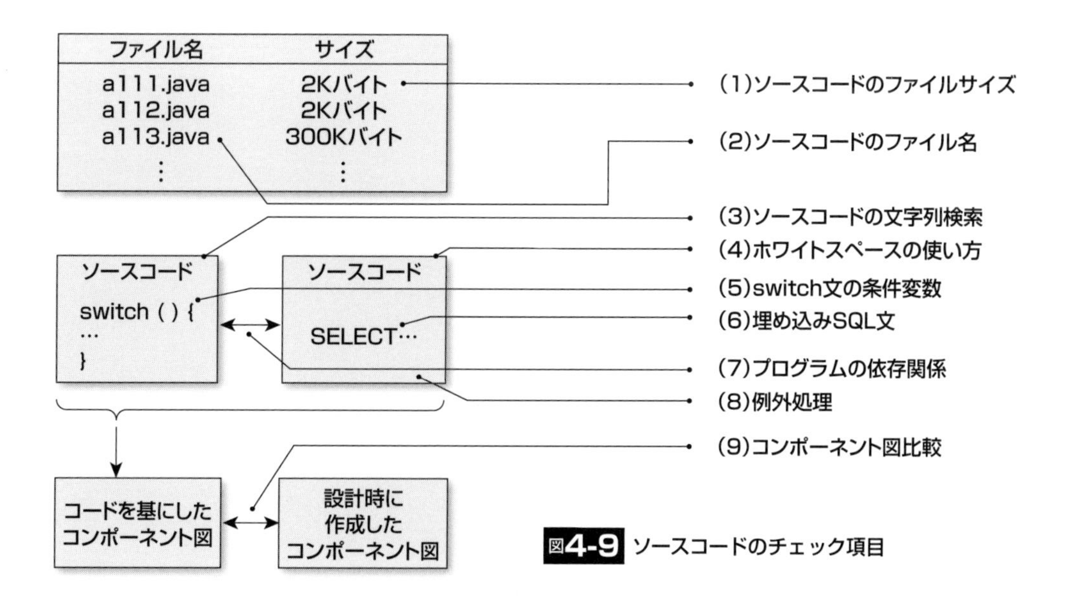

図4-9 ソースコードのチェック項目

(3) ソースコードの文字列検索

ソースコードはテキストファイルですので、grepなどのコマンドを使って不適切な文字列がないかどうかを確認します。チェックする観点は「アプリケーションフレームワークを適切に使っているかどうか」です。例えば「アプリケーションプログラムは言語処理系のライブラリを直接使用しない」という方針なら、ライブラリをインポートするキーワード文字列（importなど）を検索します。また、4-1で説明したように、アプリケーションフレームワークによっては「if文禁止」「for文禁止」といったルールを設けていることがあります。そうした場合「if」「for」をgrepの検索対象にして、ルール違反のソースコードがないかどうかを確認します。違反があれば修正を依頼します。

(4) ホワイトスペースの使い方

ホワイトスペースの使い方とは、スペースや括弧「{}」「()」などの使い方のことです。

次の二つのソースコードを見てください。

```
for(i=0;i<10;i++){…}
```

```
for (□i□=□0□;□i□<□10□;□i++□) {
 …
}
```

どちらも同じ処理ですが、両方のパターンが混在していると、プログラムをメンテナンスする人は「何だか読みづらい」と思うものです。保守・運用フェーズになると、ソースコードは書く時間より読む時間のほうが圧倒的に長いものです。ソースコードの読みやすさは、保守・運用の生産性を大きく左右します。

ホワイトスペースの使い方は、ソースコードファイルを抜き取ってチェックします。ホワイトスペースの使い方はプログラマのくせのようなものですので、プログラマごとに一つのファイルを抜き取ってチェックすれば十分です。もしバラバラなら、最近はホワイトスペース部分を整形してくれるツールがありますので、そうしたツールを活用するといいでしょう。

(5) switch文の条件変数

switch文の条件変数が列挙型(Enum)になっているかどうかを調べます。switch文とは変数の値によって命令を変える構文で、変数には整数型でも文字列型でも列挙型でも指定できます。列挙型とは識別子の集合で、あらかじめ取り得る識別子が決まっているデータ型のことです。

極端な話をすれば、32ビットの整数型は2の32乗のパターンがありますが、列挙型で四つの識別子しかなければ取り得る値は4パターンしかありません。つまり変数を列挙型にしておけば、ミスが起こりにくいというわけです。この「ミスが起こりにくい」というのは、将来のメンテナンスを考えると大きな意味を持ってきます。列挙型を使えるところは積極的に列挙型にすべきだと筆者は考えています。

(6) 埋め込みSQL文

単体テストの完了基準として多いのは「C0網羅」(全命令実行)ではないでしょうか。この場合、条件分岐の考慮がなされないだけでなく、埋め込みSQL文は文字列としてしかチェックされません。

アプリケーションプログラムにSQL文を書いてはいけないルールなら、埋め込みSQL文自体がルール違反で問題です。もし埋め込みSQL文が許されているとしても、単体テスト終了時点の基準によっては、そのSQL文は十分にチェックされていないかもしれません。SQL文の文法にのっとっていなければ実行時にエラーになります。間違ったテーブル名を記述していても、文法にのっとっていればエラーにもならずに実行できてしまいます。

そのほか、動的SQL文もチェックします。動的SQL文とは埋め込みSQL文の一部が変数になっているもので、その変数の取り得る値の可能性に十分注意します。例えばWHERE句の条件に変数の配列を渡し、その変数配列の条件に合うレコードを取り出す場合、変数配列が空だと、WHERE(抽出)条件なしと判断し、対象テーブルの全レコードを取り出すことになっているかもしれません。IT アーキテクトはこうしたSQL 文のリスクを見つけ出し、書き直しを依頼します。

(7) プログラムの依存関係

例えばプログラム A とプログラム B があるとします。A・B が上下関係のレイヤー構造なら、下のレイヤーのプログラムは上のレイヤーに依存してはいけません。つまり、メソッドなどを呼び出してはいけないということです。そうなっていないかどうかをチェックします。レイヤーのファイルごとに grep チェックをするといいでしょう。また、プログラムが相互依存してしまっていることもあります。プログラム A をコンパイル・リンクする際にプログラム B が必要で、プログラム B をコンパイル・リンクする際にプログラム A が必要という関係です。詳細設計や実装の過程で設計を部分的に修正せざるを得ないことはあります。やむを得ないことだと思いますが、その結果、本来あってはいけない相互依存になることがあります。

この場合、コンパイル結果を一度消去し、全コードをコンパイルすると相互依存を見つけられます。相互依存になっていた場合、修正を依頼しましょう。

(8) 例外処理

アプリケーションプログラムで例外処理をどのように記述するかは、設計段階で決めておく必要があります。そのルールに従っているかどうかを抜き取りチェックします。例外処理とは、例えば「メモリー不足」や「ゼロでの除算」などです。RDBMS から「INSERT できなかった」「UPDATE できなかった」といった応答が返ってくるケースもあります。そうしたとき、アプリケーションプログラムではどうしようもないことが少なくありません。

決められたルール通りに例外に対処し、そうしたことが起こっていることを運用担当者に知らせなければなりません。プログラマが勝手なルールを持ち込んでいる（例えば例外処理が起こればコンソールにログを書き出して次の処理に移っている）と、何が起こったのかを適切に把握できなくなります。

基本的にはアプリケーションプログラマに処理を書かせないように、アプリケーションフレームワークで吸収するべきですが、ケースによってはプログラムを個別にチェックしないといけないこともあります。

(9) コンポーネント図比較

ここまでのチェックが終わったソースコードを基に、コンポーネント図を作成します。コンポーネント図とはプログラムの構造を表した図で、レイヤー構造や依存関係などが分かるように描きます。設計段階でも作成していますが、詳細設計や実装の段階で設計の見直しが部分的に行われていることは珍しいことではなく、設計したコンポーネント図の通りになっているとは限りません。そこでソースコードを基にコンポーネント図を作成し、設計時のコンポーネント図と比較します。もし設計時のコンポーネント図と異なっている場合、その違いに注目してソースコードを修正したり、場合によっては設計書のコンポーネント図を修正したりします。

検証作業における三つのポイント

ここからは、検証フェーズのエンジニアが実施する作業についての指針です。ポイントとなるのは「バグ修正の確認方法」「性能テストのシナリオ」「ボトルネックの確認」です。

バグ修正の確認方法

検証フェーズは品質を確認するプロセスで、「実装バグや設計バグなどを見つけ出す」ことと、それらが「的確に修正されていることを確認する」のが目的です。バグを洗い出すために、一般には利用シーンを想定して実際にシステムを動かしてみます。これにはさまざまな方法がありますのでここでは言及しません。ここで注目したいのは、修正されていることを確認する方法です。

バグを見つければプログラムを修正します。修正すれば再テストが必要になります。プログラムを修正するたびに単体テストのコードを修正するのは基本ですが、ケースによってはテストコードの修正に手間がかかり過ぎることがあります。ソースコードとテストコードの二重メンテナンスになるからです。

検証フェーズの終盤になるとシステムのリリースが近づいており、その段階で設計バグが見つかれば、十分に単体テストをやり直す時間はないかもしれません。そうしたときのために、ITアーキテクトは手を打っておきます。具体的には、利用者の視点でテスト資産を蓄積しておくのです。テスト資産とは、テストデータとテストプログラムです。

結合テストを実施する過程で、システム利用者の視点から意味のある機能の粒度で、機能間の連携シナリオをテストプログラムとして落とし込みます。伝票登録のように、テストデータも利用者から見て意味のある単位で作ります。プログラムですから自動実行できるものです。バグがあってプログラムを修正しても、ここで言っている「利用者の視点」からは変化がないはず。逆に言えば、そういうテストプログラムを作ります。検証フェーズを通していくつも作り、検証フェーズの最後にはそうして作ったテストプログラムをすべて実行することで問題ないことを確認します。

性能テストのシナリオ

アプリケーションプログラマは機能設計や画面設計といった機能要件で頭がいっぱいになることが多く、非機能要件（特にパフォーマンス）にまで気が回らないことが少なくありません。ですから性能テストは必ず実施します。性能テストは実際の利用環境にできるだけ近づけることがポイントで、そのときに留意すべき点が三つあります。エンジニアが性能テストのシナリオを策定する際、考慮するように指示します。

一つめは、オンライン処理とバッチ処理の重なりです。オンライン処理のアプリケーションを作成したプログラマは、同時にバッチ処理が動作すると思って実装していないものです。しかし、データ量が増えてバッチ処理時間が長くなると、リリース当初は重ならなかった処理が重なるかもしれません。性能テストのシナリオではこうしたケースも入れておきます。

二つめは、アプリケーション処理（オンライン／バッチ処理）とバックエンド処理の重なりです。一つめのオンライン処理とバッチ処理の重なりに似ていますが、ここでいうバックエンド処理とは、例えば稼働統計を収集する処理やバックアップ処理です。システム規模が小さいうちは大きな問題にはなりませんが、データが増えたりデータが断片化したりすると、こうしたバックエンド処理は長くなり、アプリケーション処理と重なることが増えます。性能テストでは重要なシナリオです。

三つめは、処理の重さに気をつけることです。TPS（Transaction Per Second：1秒当たりに処理したトランザクション数）という指標でシステム処理性能を語ることがありますが、トランザクションは条件によって“重さ”が違うことに注意しないといけません。テーブル内のレコード件数や検索条件などが異なれば、処理負荷は大きく異なります。TPSなどの指標値だけで議論しないようにします。

ボトルネックの確認

性能テストの結果が出たら、必要な性能を満たしているかどうかを確認します。ここで忘れてならないのは、ボトルネックの場所を確認することです。ボトルネックとはパフォーマンスを左右する制約となっている部分のことで、そこを改善すれば確実にパフォーマンスが上がります。実稼働を開始すると、性能テスト時の想定より多くのデータを処理する、またはデータのバラツキがテストと大きく食い違うかもしれません。そのとき、システムのボトルネックを正しくつかんでおかなければ、適切な対応ができません。例えば、DBサーバーの処理がボトルネックになっているのに、Web/APサーバーを増設しても性能は上がりません。ITアーキテクトはこのボトルネックを細かく分析し、将来の処理負荷の増大に備えます。

フラッシュディスクの現実

コンピュータ部品の中ではメカニカルな動作が伴うディスクの処理が遅いので、情報システムではディスクI/Oがボトルネックになることが多いです。そこで最後に、ディスクI/Oに関する最近の動向について考察します。

「ディスクI/Oがボトルネックになりやすい」というと、「最近はフラッシュディスクが充実しており、それを使えばディスク I/O はボトルネックになりにくいのではないか」という指摘を受けることがあります。2013 年 3 月現在、フラッシュディスクを PCI Express バスに接続できるものが増えています。フラッシュディスクはメカニカルな動作を伴わないので、従来のハードディスクに比べて高速に動作します。

しかし、大きな期待は禁物だと、筆者は考えています。**図 4-10** はフラッシュディスクを用いた場合の IOPS（Input/Output Operations Per Second：1 秒当たりの I/O 処理回数）と I/O 待ち時間の実例です。点線が I/O 待ちで、グラフの上に行くほど「待ち時間が長い」ことを示しています。図 3 のグラフから言えることは、定期的に「I/O 待ちが発生している」ということです。つまり、ディスク I/O がボトルネックになりやすいということです。そのときの IOPS を見ると、飛び抜けて大きな値にはなっていません。なぜこのような動きになるのでしょうか。

I/O を表す単位は「IOPS」です。これは 1 秒間当たりの I/O の回数であり、

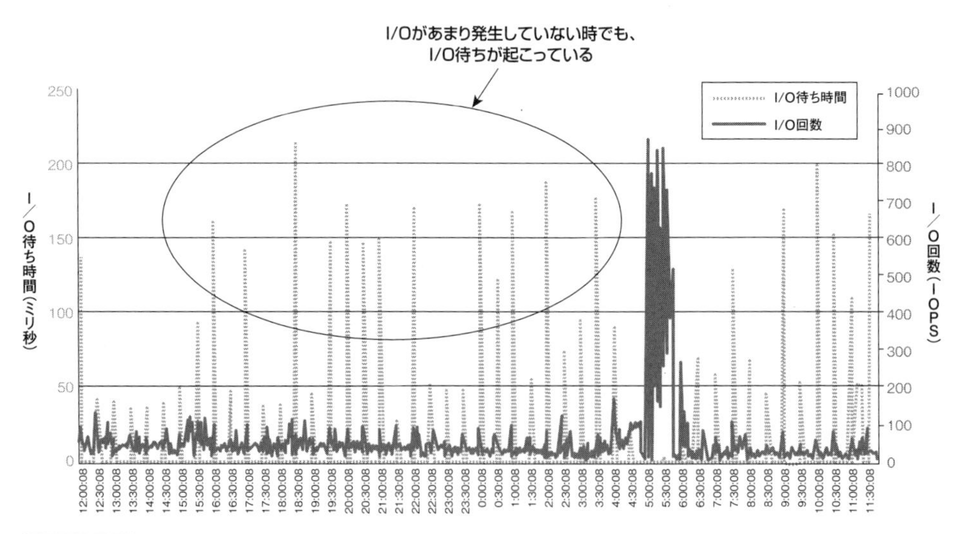

図4-10 フラッシュディスクのパフォーマンスグラフ

読み書きしたデータ量ではありません。1回に少量のデータを書き込んでも、1回で大量のデータを書き込んでも、図4-10のグラフ上では同じ1回としてカウントされます。ここからは推測です。I/O処理は並列に動作できますが、もし大量のデータが書き込まれた場合、ストレージ側は「大量のI/Oが発生する」と判断し、大量データの書き込みを優先して処理しているのかもしれません。つまり、少量データのI/Oの優先順位を下げてでも大量データ処理を終わらせようとしているのではないか、ということです。そう考えれば、I/O待ちが発生していることも説明がつきます。

まとめ

●システムのライフサイクル全体を見てQCDを考える。それはPMとは違うスコープになる。
●保守・運用時に問題になりそうなソースコードは作り直しを依頼する。
●性能テストのシナリオは処理の重なりを考慮し、また、ボトルネックを特定しておく。

第5章

依存関係変えない保守開発

5-1 ■保守

5-2 ■改善

5-1 保守

保守開発で大事なのは効率よりも「素直さ」

IT エンジニアと IT アーキテクトは、何が違うのでしょうか。IT アーキテクトはシステムのアーキテクチャーに責任を持つ人といわれますが、具体的には何をすればいいのでしょうか。こうしたことを明らかにするために、IT アーキテクトが何を考え、何をしているのかを解説しています。

4-2 では検証（テスト）フェーズを取り上げました。検証フェーズで IT アーキテクトがなすべきことは、「テストの指針を示すこと」と、システムが長期間使われることを前提に「将来問題になりそうなソースコードを見つけて修正しておくこと」でした。後者はプロジェクトに責任を持つプロジェクトマネジャーの立場ではなかなか理解されないので注意が必要だと説明しました。

5-1 では保守フェーズの IT アーキテクトの役割について説明します。システムを稼働させた後の話です。「システムを稼働させた後も IT アーキテクトが関わるの？」と思う読者もいるでしょう。システムのアーキテクチャーに責任を持つには、システムを作るときと同じくらい、システムが稼働した後のことに力を入れる必要があると筆者は考えています。

保守開発の担当者は初期開発に携わっていない

その理由は二つあります。

一つは、システムは改良され続けるからです。機能追加することもあるでしょう。システムに何も手を加えなければアーキテクチャーは崩れることはありませんが、そんなシステムはありません。利用者のニーズに合わせてシステムは常に変化を求められます。システムに改修を加えるたびに IT アーキテクトがレビューして問題ないかどうかを確認できれば別ですが、そうしたことは現実的ではありません。保守開発の担当者がアーキテクチャーを維持しようとしなければ、あっという間にアーキテクチャーは崩れてしまいます。

もう一つは、保守開発の担当者は初期開発に携わっているとは限らないからです。システムをリリースするとプロジェクトチームは解散します。初期開発に携わったメンバーの中から保守開発の担当者が選ばれることがあるでしょう。しかしシステムを10年使うと想定したら、保守開発の担当者は初期開発に携わっていないことを前提にすべきです。初期開発に携わっていれば、理解度に個人差はあるものの、システムのアーキテクチャーを意識しているはずです。でも初期開発に携わっていなければ、システムの規模が大きければ大きいほど、アーキテクチャーを意識して改修するのは難しいものです。

システムのアーキテクチャーはどんどん崩れていく。そう考えて、ITアーキテクトは手を打たねばなりません。具体的に何をすればいいのでしょうか。大

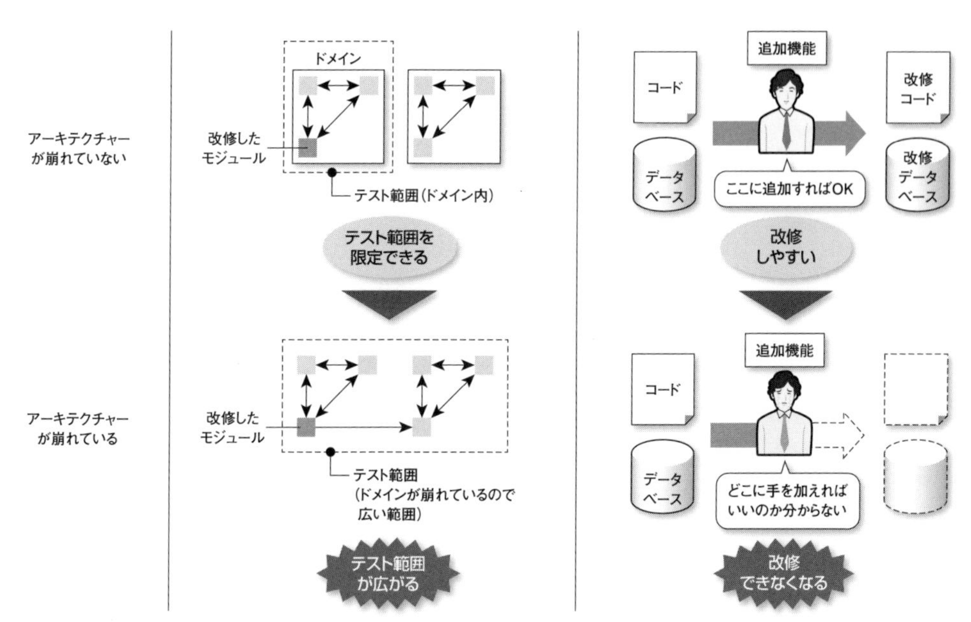

図5-1 アーキテクチャーが崩れると困ること

きなテーマですので、5-1と5-2の2回に分けて解説します。システムをアプリケーションプログラムとインフラに分割し、5-1では前者のアプリケーションプログラムを取り上げます。5-2では、「改善」をテーマにインフラを説明します。

改修すれば必ずアーキテクチャーは崩れる

プログラマは詳細設計書に基づいてプログラミングを行います。同じ詳細設計書なら誰が作っても同じソースコードになることはありません。プログラマによる創意工夫が必要で、プログラマによってソースコードは変わるのが通常です。

保守開発では既存のプログラムに手を入れることになります。同じ設計書から同じコードにならないなら、設計書を見ても初期開発者がどういうことを考えてソースコードを作成したかは分からないことになります。つまり、既存プログラムに改修を加えれば、プログラムは当初の意図から崩れていくのです。誤解を恐れずに書けば、既存プログラムに手を加えれば、必ずアーキテクチャーは崩れるのです。考えるべきは、少しでも崩れにくくすることです。

崩れにくくする一つの方法が「アプリケーションフレームワーク」の導入です。保守段階から適用できる方法ではありませんが、設計段階でフレームワークを導入しておけば、アーキテクチャーは崩れにくくなります。なぜならフレームワークは「そもそもプログラマが欲していない不要な自由を奪う」からです。作り方が適度に規定されることから、後からソースコードを見ても初期開発者の意図が分かりやすくなります。

アーキテクチャーはテスト範囲を絞る

システムのアーキテクチャーが崩れないように、保守フェーズでITアーキテクトは何をすべきか。それを説明する前に、アーキテクチャーが崩れると何が困るのかを整理します。その後で、そうした困ったことになりにくい方法を考えてみるというアプローチです。

アーキテクチャーが崩れて困ることは大きく二つに分類できます。一つは、

「テスト範囲が広がる」ことです（115ページの**図5-1**左）。アーキテクチャーはプログラムを構造化します。レイヤー構造を作って、レイヤーをまたがないようにドメインを定義し、その中に複数のモジュールが含まれるようにします。こうして構造化していれば、Aドメインのモジュール群とBドメインのモジュール群は依存しない（互いに直接呼び出していない）、XレイヤーとYレイヤーはXからYを呼び出す一方向の関係といったことがはっきりします。このメリットの一つはテスト範囲を限定できることです。

保守開発で一番怖いのは、改修によって、これまで正常に動作していた機能に悪影響を及ぼしてしまうことです。それをデグレードと呼び、問題が起こっていないかを確認するためにテストを行います。構造化が維持されていて、モジュール間の依存関係が明確であれば、修正したコードの影響が及ぶ範囲を絞り込むことができます。仮に構造化がされていなければどこに影響が及ぶか分からないので、一部を修正するたびにシステム全体のテストをやり直すことが必要になってしまいます。

アーキテクチャーが崩れて困ることの二つめは、「既存プログラムとデータベースを改修できなくなる」ことです（図5-1右）。ソースコードのどの部分で何をやっているのか、何のためにこの1文があるのか、なぜここでこの処理をしているのか、このデータ項目はどういう意味で使っているのか――といった初期開発時の意図が分からなくなることによって起こります。

たとえ小さな機能追加であったとしても、どこにどのように手を加えればいいのかが分からなければ対応不可能です。もはやこうなると、既存アプリケーションに一切の修正を加えずに使い続けるか、全部捨てて一から作り直すかしかありません。

大事なのは依存関係を変えないこと

ではここから、アーキテクチャーを崩れにくくする方法を、二つの困ったことを起こりにくくするという観点で説明していきます。

一つめの困ったことは「テスト範囲が広がる」でした。そうならないためにプログラムを構造化しているのです。保守開発時にやるべきことは、プログラムの構造化を維持することになります。そのためには、まず、現在のプログラムの構造をつかまねばなりません。構造を表すのはコンポーネント図です。設計書にあるかもしれませんが、大事なのは実際に動作しているプログラムと合っていることです。改めてコンポーネント図を確認し、必要なら新たに作ります。

レイヤー構造があるなら、上のレイヤーから下のレイヤーを呼び出してもいいのですが、その逆があってはいけません。そうなっていればレイヤー構造とはいえません。ドメインをまたがってモジュールを呼び出さないようにし、依存関係が崩れないようにします。

機能追加する場面で考えてみましょう。例えば保守開発担当者のＫさんは、初期開発に携わっていたとします。こうした場合、Ｋさんは自分が開発したモジュールのことはよく分かっていますので、そのモジュール内に機能追加をしてしまうことがあります。本来なら別のモジュールに追加すべき機能だとしたら、機能追加前は互いに独立していたモジュール間の境界が曖昧になり、依存関係ができてしまいかねません。機能追加をする際は、どのドメインに加えるべき機能なのか、新たなドメインを作成すべきなのか、確認するようにします。

追加する機能によっては、複数ドメインに含まれるモジュールのメソッドを呼び出して作ると効率的なケースもあるでしょう。こうした場合も、できるだけ既存のモジュール間の依存関係を変えないようにします。複数モジュールのメソッドを呼び出す代わりに、そのメソッドのプログラムをコピーしてきて独立した新たなモジュールを作るのも一つの方法です。そうすれば、既存モジュールに手を加えることなく（デグレードを心配することなく）、モジュール間の依存関係は変わりません。

そんなことをしたら、「同じようなコードが複数箇所に存在してしまいメンテナンスが面倒になる」という指摘を受けそうです。そうした指摘はその通りですが、モジュール間の依存関係が変わらなければテスト範囲を限定できることを思い出してください。効率的に開発できるという理由でモジュールに手を入れ、依存関係を増やしてしまうくらいなら、同じようなコードが複数箇所にあるほうが良い、という判断もあると思います。なぜなら、コードが互いに独立していれば、それぞれ異なった要求が生じた際に、変化に対応しやすいからです。

その機能追加を最後だと思わない

二つめの困ったことは「既存プログラムとデータベースを改修できなくなる」でした。

まずはデータベースです。例えば、「部分返品」機能の追加を考えます。既

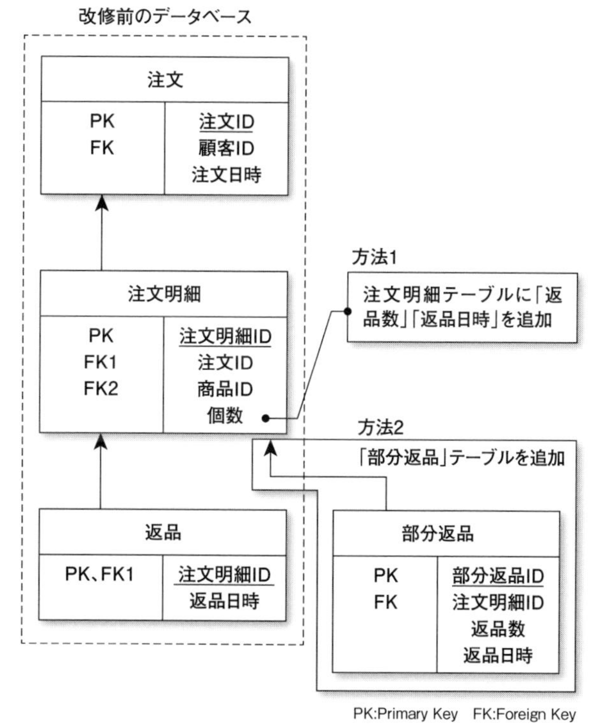

図5-2 部分返品機能を付加する際のデータモデル

存システムは複数個の商品を注文しても一部商品の返品はできなかったのですが、ユーザーからの要望により、一部商品でも返品できるようにする機能の追加を考えます。

既存のデータモデルを前ページの**図 5-2** に示します。注文テーブルには注文 ID、顧客 ID、注文日時の項目があり、注文した商品情報は注文明細テーブルにあります。これまでは返品があると返品テーブルにレコードが追加されていました。

部分返品機能を追加するには、主に二つの方法があります。一つは注文明細テーブルに「返品数」「返品日時」の項目を追加する方法で、もう一つは部分返品テーブルを追加する方法です（図 5-2 の方法 1 と方法 2）。どちらでも実現可能です。この場合、あなたならどちらの方法を選ぶでしょうか。

想像ですが、前者の既存テーブルに項目を追加する方法を選んだ方が多いのではないでしょうか。テーブルを追加するとジョインが必要になるので性能面の影響が大きい。だから既存テーブルに項目を追加するほうがいい、という意見だと思われます。

アーキテクチャーの維持に大事なのは、既存データベースをいつまでも改修できるようにしておくことです。今回の機能追加が最後だと思わないほうがいいのです。そのためには、追加する機能だけを見て実装方法を考えるのではなく、追加機能を加えた機能全体を見て実装方法を考えることです。つまり、機能全体を見て「素直」に表現していることが大切です。効率よく開発できるか、処理性能がより高いかではありません。もちろん、利用者に迷惑をかけてしまうような性能低下は避けねばなりませんが、最近は CPU の進化は目覚ましく、マルチ CPU コアを有効活用すれば、一昔前のイメージほどテーブル間のジョインは処理の応答性能に大きなインパクトを与えなくなっています。

機能を素直に表現できていれば、次に改修する際にどこにどのように手を加えればいいかが分かります。それが大事なのです。図 5-2 のケースでは、部分返品テーブルがあると間違いなくこれは「部分返品のためのテーブル」だと分かります。こちらの方が素直に表現できていると言えるでしょう。

次にプログラムです。機能追加や改修をする際、「どのモジュールを使えば効率よく開発できるか」と考えがちではないでしょうか。でもそうした指針では、後から見たときに、なぜこのプログラムからこのメソッドを呼んでいるのか分からないということになります。いつまでも改修できるようにするには、データベースと同様に、機能を素直に表現することです。そのためには、再利用の優先度を下げたほうがいいと思います。同じコードが複数箇所に出てきてもいいので、一定の機能のまとまりごとに独立したモジュールにしておくのです。そうしておけば、大きな機能追加に伴うモジュールごとのバージョン管理がやりやすくなります。プログラムのトレーサビリティーが可能になるということです。これは、いつまでも改修可能にするという点において大切です。

まとめ

●アーキテクチャーを維持しなければ、テスト範囲が広がるほか、いつか改修できなくなる。
●テスト範囲を広げないようにするには、モジュール間の依存関係を変えないことが大事。
●データベースとプログラムを改修可能な状態で維持するには、開発効率を優先しないこと。

5-2 改善

アーキテクチャー改善は8ステップで進める

5-1に引き続き保守フェーズを取り上げます。5-1ではアプリケーション部分への機能追加や改修に伴って、ITアーキテクトがすべきことをまとめました。稼働後にアプリケーションは改良され続けますので、システムのアーキテクチャーはどんどん崩れていきます。アーキテクチャーを少しでも崩れにくいものにするために、ITアーキテクトは「モジュールの依存関係を変えないようにすること」と「追加機能を素直に実装すること」が大事だと説明しました。

5-2ではインフラ部分に関わる非機能要件を対象にします。5-1で説明したような機能追加や改良を重ね、何年にもわたって使い続けたシステムを想定します。そうした場合、当初よりもデータ量や利用者数が増えたために、スケーラビリティーや性能、可用性などの非機能要件に問題を抱えることが少なくありません。ここではITアーキテクトがそうした問題をどのように乗り越えていけばいいのかについて解説します。

カーネギーメロン大学が提唱する方法論「CBAM」

非機能要件の問題を改善するには、アーキテクチャーの見直しが伴います。その際に有効な方法論が「CBAM」（Cost Benefit Analysis Method）です。

新システムを構築する際にもアーキテクチャーの評価を行いました。2-2「アーキテクチャー分析」を参照してください。新システムのアーキテクチャー分析では、米カーネギーメロン大学付属ソフトウェア工学研究所（SEI）が提唱する「ATAM」（Architecture Tradeoff Analysis Method）を紹介しています。ATAMは性能や可用性などのいわゆる非機能要件を品質特性の軸で分類し、定量評価可能なシナリオとして記述することで、アーキテクチャーのリスクを明らかにしていく方法です。その名の通り品質特性間のトレードオフに着目し、設計や保守に関する意思決定を行う上での思考の枠組み（フレームワーク）を提供します。

一方のCBAMは、アーキテクチャーを改修する際の評価に有効な方法論です。CBAMもSEIが提唱しているもので、経済的なトレードオフに注目します。例えば、際限なくコストや期間をかければ高い処理性能（ベネフィット）を手に入れることはできますが、実際のビジネスではコストや期間の制約があります。性能という一つの品質だけのためにすべてを犠牲にすることはできません。こういったリソース面やスケジュール面の制約を踏まえ、リスクを最小化し、リターンを最大化するためのフレームワークを提供するのがCBAMです（**図5-3**）。

CBAMでは、評価対象のアーキテクチャーごとに「コスト」と「ベネフィット」を金額換算し、適切なアーキテクチャーを判断できるようにします。コストとは、アーキテクチャーを導入する際にかかる金額のこと。ベネフィットとはアーキテクチャーを導入した際の利益から不利益を差し引いたものです。「性能」「可用性」「セキュリティ」「変更容易性」の4点で考えます。

一般的な情報システムではセキュリティ対策として、ファイアウォールや、SSLなどの暗号化処理を用います。これらの対策は少なからず性能劣化を引き起こしますが、永続化を伴うバックエンド処理と比べれば相対的に小さな遅延です。セキュリティを強化するためのフロントエンド処理とバックエンド処理を分離するレイヤー構造を採ることで、CBAMのセキュリティの改善は、ほ

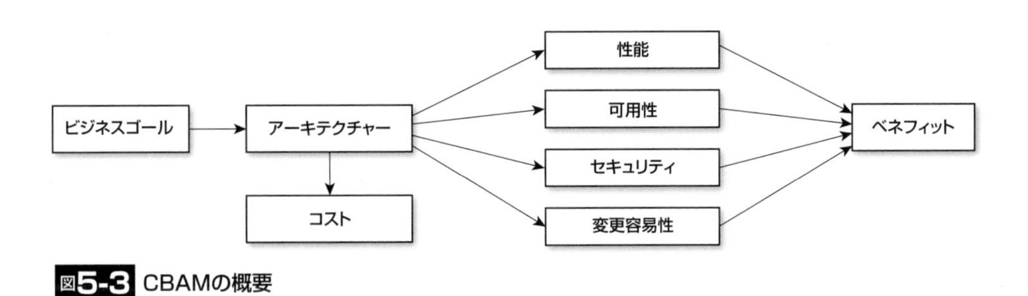

図5-3 CBAMの概要

かの三つ（性能、可用性、変更容易性）の改善と独立して検討することができるでしょう。

アーキテクチャー改善の難しさは、性能、可用性、変更容易性の品質特性がトレードオフの関係にあることに起因します。性能を高める手段はいくつもありますが、多くの場合変更容易性が犠牲になります。例えば、永続化にリレーショナルデータベース（RDB）を使った情報システムでは、テーブルの問い合わせにSQL文を使います。データ量が増え性能要件が満たせなくなると、あらかじめある程度データを加工しておくデータマートを設けて高い応答性能を得ようとします。このような対策では検索性能を改善する代わりに、データマートの開発が生じるため、変更容易性が低下します。なぜなら、データマートを作るほど項目追加などの改修が入った際の修正範囲が広がり、それに伴いテスト範囲も広がるのでスピーディーな対応が難しくなるからです。

ITアーキテクトは製品比較から改善策を見いだすのではなく、物理的な制約やトレードオフの関係をまず理解します。その上で解決すべき課題を明らかにし、リターンを最大化するように改善策の方向性を見いだします。また、性能問題など部分問題の改善に終始すると、アーキテクチャーは崩れ、システムがどんどん複雑化していく点に留意が必要です。品質特性間のトレードオフに起因する本質的な課題を見極め、全体問題をできるだけシンプルに解決します。その際に品質特性間で優先順位を決めると思考が整理できます。筆者の場合は、変更容易性を最優先に考え、その上で可用性と性能の順番で要件を満たすように改善策を検討します。

スモールスタートのECシステムを例にインフラ改善

例として、ECシステムを考えます。稼働当初のビジネス規模は小さかったので、システム構成はサーバー１台。そこにRDBMSも動作させていたとします。稼働後に利用者数が増え、データ量も増えたので性能面で大きな問題を抱えてしまいました。ただし、アプリケーション部分は改修を繰り返しているので使い続けたい。つまり、基本的にインフラ部分だけの対応で、性能問題に対処したいケースです。

ITアーキテクトは何をすべきでしょうか。基本的なことだけでも全部で8ステップ（STEP）あります（**図5-4**）。順番に説明していきましょう。

STEP1 既存システムの問題を特定する

まずは､乗り越えるべき問題をはっきりさせます。今回のECシステムのケースでは性能面で大きな問題を抱えていますので、ボトルネックを詳細につかみます。ここでは、データベースのI/O性能がボトルネックで、特に参照性能に問題があるとします。

図5-4 アーキテクチャー改善の手順

STEP2 アーキテクチャーを変えない解決策を検討

問題箇所を特定できたら、既存のシステム構成（アーキテクチャー）を変えないで解決できる方法がないかを検討します。ECシステムのケースではデータベースのI/O性能がボトルネックになっていますので、サーバーリソース（CPUやメモリーなど）の追加で性能問題が解決するかどうかを確認します。同じアーキテクチャーであれば、サーバーマシンをハイエンド機に交換することも検討します。ここでは、アーキテクチャーを変えない方法では問題が解決しなかったとします。こうなると、インフラ部分のアーキテクチャーを改善する必要があります。では、アーキテクチャーを改善する際の手順を見ていきましょう。

STEP3 解決策となる新方式を洗い出す

インフラ部分の新アーキテクチャー候補を洗い出します。ここでは詳細なアーキテクチャーの検討までは行わず、一般的な方式を選び出します。

その際、筆者はできるだけ単純に考えるようにしています。情報システムは、単純化すればI/Oシステムです。クライアントや他システムから入力したデータを、帳票や画面やファイルとして出力します。情報システムの構成要素をI/O視点で分類すると、ファイアウォールなどの「通過部品」と、RDBのような「蓄積部品」に大別できます。アーキテクチャーを改善する際に焦点を当てるのは後者です。なぜなら、入力データと出力データの折り返し地点である永続化装置には処理負荷が集中しやすく、性能問題の温床となりやすいからです。また、一度永続化したデータのロストや不整合を防ぐ制約があるために負荷分散が難しく、しばしば情報システムの可用性の要となります。

ECシステムのケースではデータベースの参照性能がボトルネックなので、参照処理を分散させる方法を考えます。一般的には、(1) レプリケーション方式（「同期」「準同期」「非同期」の3方式ある）、(2) キャッシュ方式、(3) 分散キーバリューストア方式の三つに大別できます（3方式の概略は132ページの**別掲記事**「参照処理を分散させる3方式」を参照）。

STEP4 新アーキテクチャー候補を「CBAM」で評価

先述したように、CBAMは「コスト」と「ベネフィット」を金額換算します。ベネフィットはアーキテクチャーを導入することで得られる利益から不利益を引いたものです。例えば同期レプリケーション方式の性能面では、参照性能が高まるのでそれを利益と捉えます。その半面、同期レプリケーション方式ではマスターDBとスレーブDBの同期を取るために、データ更新性能が低下してしまいます。それを不利益と捉え、利益から不利益を引いたものを金額換算し、ベネフィットとします。

このようにして、アーキテクチャー候補ごとに、ベネフィットの総計とコストを洗い出しておきます。

STEP5 アプリケーションへの影響を把握する

ここではインフラ部分だけの改善を想定していますが、新しく採用するアーキテクチャーによってはアプリケーション部分に影響を及ぼすものがあります。それがどの程度なのかをつかみます。

例えば、非同期レプリケーション方式の場合、参照負荷を分散させるために複数のスレーブDBを利用することになります。複数DBを利用するような改修は必要ですが、もっと大きな問題があります。マスターDBとスレーブDBが常に同じデータであることを前提にできないのです。

改善前のシステム構成がサーバー1台であったことを想定すると、アプリケーション側で何らかの対策が必要です。一つの方法は、データを更新した時間と、テーブルごとの最終更新時間を比較し、後者が前者より一定時間より前であればスレーブDBを参照せずにマスターDBを参照するといったルールの導入が考えられます。

STEP6 アーキテクチャー移行にかかる時間をつかむ

現行のシステムは稼働していますので、改良するためとはいえ、長期間のシステム停止は許されないでしょう。システムによっては短時間の停止すら許容されないかもしれません。アーキテクチャーを移行する際、どのくらいのシステム停止時間が必要なのかをつかんでおくことが欠かせません。

例えば分散キーバリューストア方式を採用する場合、現行データベースは冗長さを排除し正規化したRDBMSなので、データをキーバリューストアの形式に変換するのは容易なことではありません。なぜなら、分散キーバリューストア方式とは、キー指定で値を抽出しやすくするために、あらかじめ検索キーにとって都合のよいようにデータを非正規化して冗長に保持することにほかならないからです。こうした問題を積み上げ、どの程度の時間がかかるかを見積もっておきましょう。

STEP7 選べないアーキテクチャーを排除する

ここまでアーキテクチャーの評価方法を説明してきました。ここからどのアーキテクチャーにすべきかを決めていきますが、まずはコストや停止時間において上限が決まっていればそれに適合しないものを排除します。保守フェーズでは、新システムを構築するときと比べてかけられるコストは少ないものです。予算を超えるアーキテクチャーを選ぶことはできません。また、システムによっては止められる時間がほとんど取れないものもあります。それら上限のある項目をクリアーできないものは、いくら高い性能を出すとしても採用できません。

コストと停止時間のほかに、このステップで筆者が検討に加えるのがSTEP4のCBAMで評価した「変更容易性」です。これは、将来にわたってアプリケーション部分の改修が容易かどうかを判断する項目です。例えば、先に説明した非同期レプリケーションの場合、機能を追加してデータベースに項目を加えるたびに、マスターDBとスレーブDBが常に同じではないことを前提とした仕組みを加えなければならないことがあります。

5-1で説明したように、既存プログラムに手を加えるということは、少なからずアーキテクチャーを崩すという面があります。ですから、既存プログラムにはできるだけ手を入れないで使えるほうがいい、と筆者は考えます。修正すればテストが必要で、移行にかかる時間が長くなります。その間、システム停止にならざるを得ないケースもあります。

STEP8 システム構成の細部を決める

CBAMによる評価に加え、アプリケーションへの影響と移行コストを鑑み、ベターなアーキテクチャーを選定します。ただSTEP3で洗い出したアーキテクチャーは一般的な方式にすぎず、個々のシステムに適用する際には詳細に適合させていくことが必要です。この段階では、アーキテクチャーの原則に基づいて具体的なシステム構成を考えます。アーキテクチャーの原則とは、次の五つにまとめられます。アーキテクチャー設計と同じ観点ですが、改めて説明します。

(1) データを一元管理する

変更容易性を最大化するのであれば、データは一元管理することが大事です。同期書き込み・同期読み込みにしておけば、ある更新処理が確定したデータをただちに別の処理で参照できます。データ鮮度や不整合などを気にせずにデータを扱うことができるということです。現状のシステムがデータを一元管理していなければ、その理由を明らかにします。その理由はおそらく性能と可用性の二つに大別されるでしょう。

(2) 性能のボトルネックを分析する

データの一元管理を追求すると、データベースが性能のボトルネックになりがちです。ボトルネックはCPUとI/Oの二つのリソース利用状況に着目します。CPUに余裕があるのに処理が滞るならI/Oネックです。I/Oに余裕があるならCPUネックです。サーバー全体で見るとCPUは余裕があるのに、あるCPUがビジーであるためにI/O処理が滞ることがあります。こうした分析は平均値ではなくワーストケースに着目して行います。基本的にはI/Oボトルネックではなく、CPUボトルネックになるようにアーキテクチャーを検討してください。

(3) 可用性のボトルネックを分析する

すべてのハードウエアは壊れるという前提に立ち、システム全体の可用性に影響を与えるSPOF（Single Point of Failure、単一障害点）を洗い出します。定常運用時はもちろんのこと、クラスタリングをしていてもミラーリングが崩れるタイミングがあります（例えばOSのバージョンアップなど）ので、そうしたタイミングでのSPOFも把握します。さらに、フェールオーバーなど耐障害性を高める仕掛けを確認します。想定される障害にはソフトウエア的な作り込みで対応できますが、想定外の障害は必ず発生します。また、その仕掛け自体がシステムを複雑化し、安定運用を難しくします。肝心なときに切り替わらない二重化など、潜在的なリスクを明らかにします。

(4) データにロジックを近づける

データには“重さ”があるという感覚を持ちます。重いモノを運ぶなら遠くより近いほうが楽、つまり、仕事量が少ないといえます。記憶装置にあるモノを計算装置に運ぶ仕事はどんなアーキテクチャーでも必要ですので、両装置間の帯域を確保し、遅延を最小化するようにします。車線数が多い高速道路があれば、安定して速くモノを運ぶことができるのと同じです。また、減速が必要な合流は少ないほうが速く移動できます。つまり、処理性能を高めるには、ストレージ上のデータとデータ操作（ロジック）を極力近づけ、その間を高帯域・低遅延の高速な道でつなぎます。

(5) フェールセーフな仕組みを作る

ハードウエアもソフトウエアもすべては壊れる（または正しく機能しないことがある）という前提に立ちます。完璧さを求めるのではなく、何か想定外のことが発生した際の対応のしやすさを高めます。不完全な自動化をソフトウエア的に作り込むより、人間による判断を入れることでシステム全体をシンプルにします。シンプルになればなるほど、想定外の対応が発生した際のフォローを迅速に行えるようになります。また、障害の予兆があった場合のリスク分析も容易になり、結果として安定運用につながります。

これら五つの観点で、選定した方式からシステム構成の細部を決めます。

まとめ

- ●アーキテクチャーを改善する際の方法論として「CBAM」がある。
- ●改善手順は全部で8ステップ。アプリケーションへの影響も見極める。
- ●改修後のアーキテクチャーで重視すべきは、将来にわたる「変更容易性」である。

参照処理を分散させる3方式

(1) レプリケーション方式

データベースの複製を持つ方式で、マスター DBと、それと同じデータを持った複数のスレーブDBからなります（**図A**上）。複数DBが存在するので、1台のDBサーバーが壊れてもシステムは継続動作できます。参照処理はどのDBを検索しても同じ結果になるので（同期レプリケーションの場合）、参照処理負荷の分散にもなります。つまり、レプリケーション方式は可用性を高めたり、性能を高めたりできると考えられます。

マスター DBとスレーブDB間のレプリケーションの方法として、同期、非同期、準同期があります。同期レプリケーションでは、データ更新処理の際、マスター DBと全スレーブDBのデータを更新してから処理を戻します。そのためデータベースの更新頻度が高くなるとレプリケーション負荷が高くなり、更新遅延を引き起こします。更新性能を維持しようとすると非同期レプリケーションになります。

非同期レプリケーションはデータ更新処理の際、マスター DBだけを更新し、一定時間間隔でスレーブDBに反映します。スレーブDBは常には最新のデータを持っていないことにな

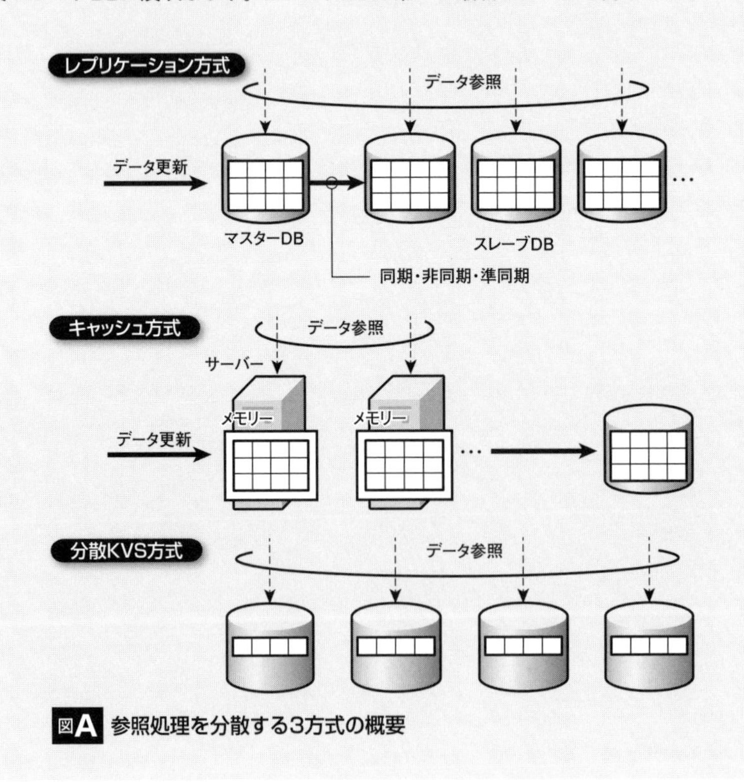

図A 参照処理を分散する3方式の概要

るので、必要に応じて参照負荷を分散させないケースがあります。また、非同期レプリケーションが完了する前にマスターDBが障害を起こすと最新のデータを利用できない、という点で可用性が低下します。この一時的なデータロストを防ぐために準同期という方式があります。

準同期レプリケーションはデータ更新処理の際に、マスターDBだけを更新しますが、マスターDBからスレーブDBへのデータ反映は一定時間を空けずに即座に実施します。

アプリケーションへの影響が少ないという点では同期方式が望ましく、非同期と準同期では読み取り一貫性が崩れている可能性を考慮した開発・運用が必要になります。

(2) キャッシュ方式

データベースの前にインメモリーDBを配置し、そこにデータをキャッシュする構成です（図A中央）。性能要求が厳しい環境でよく使われます。HDDのI/O遅延がミリ秒からマイクロ秒であるのに対し、RAMのI/O遅延はナノ秒の単位ですから、まさに桁違いに高速です。しかし、サーバー障害時にメモリー上のデータロストを防ぐには、常に2台以上のサーバー間で同期レプリケーションが必要になります。また、すべてのデータがRAMに乗り切らない場合は、バックエンドにあるRDBとの非同期データ連携が必要になります。

そう考えるとレプリケーションに似ています。実は負荷分散の方向が違うだけで、性能のために分散処理するという点では同じです。RDB間のレプリケーションが水平方向への負荷分散であるのに対し、RDB＋インメモリーDBを採用した構成は垂直方向への負荷分散です。大量のデータを操作するバッチ処理などが動くと、キャッシュ領域があまり使われないデータで占有されてしまうかもしれません。利用する際は、そうした点に注意が必要です。

(3) 分散キーバリューストア（KVS）方式

分散KVS方式は、レプリケーション方式と同様に複数のデータベースを配置し、負荷を水平方向に分散します。レプリケーション方式との違いは、各サーバーにはすべてのデータが存在せず、一部のデータを格納している点です（図A下）。

この方式では、キーの値によってアクセスするサーバーが決まるので、サーバーを増やすことで直線的なスケーラビリティーを実現できます。また、ユーザー識別子をキーにすれば、サーバー障害時の影響範囲を一部のユーザーに限定できるため、システムの可用性を高める効果があるといえます。

性能や可用性の面で大きな効果が得られる前提は、キーがあれば必要なデータを取得できる点です。ポイントとなるのはマスター情報の管理方法です。マスター情報をそれぞれのサーバーに持たない限り、キーで必要な情報は取得できません。もしマスター情報が更新された場合、分散しているすべてのサーバーを更新しなければデータの整合を維持することはできません。つまり、データ重複（非正規化）がスケーラビリティーの前提条件となっているわけです。

第6章

留意すべき六つのポイント

6-1 再構築

最大の課題は仕様確定 コードから「正」を探る

第５章では２回にわたり保守フェーズを取り上げ、アプリケーション視点とインフラ視点で解説しました。アーキテクチャー的な改善を施してきたシステムでも、いつかは寿命が来ます。6-1では、寿命を迎えたシステムを再構築するケースを取り上げます。

システムが寿命を迎える三つの契機

筆者の周りには、何十年も使い続けている息の長いシステムもあれば、定期的に寿命を迎えて作り直しているシステムもあります。どのようなときに寿命が来るのでしょうか。その契機は主に三つあります。

一つ目は、システムの構成要素であるハードウエアやソフトウエアがサポート切れになることです。サポートしてもらえないのであれば、「これ以上使い続けることはできない」と判断せざるを得ないケースはあるでしょう。標準的なインタフェースに基づいた製品であれば別の製品に置き換えられるでしょうが、そうではなく、メーカー独自の仕様で、同様の製品を既に提供されていない場合、システムの作り直しを余儀なくされます。

二つ目は、前提条件の大幅な変更です。システム構築当初のシステム要件と、現時点でのシステム要件のギャップが大きく、そのままではシステムを使い続けることができないケースです。例えば、当初はバッチ処理中心で組んでいたシステムにおいて、ビジネスニーズの変化によってリアルタイム性の要求が高まった場合、それをオンライン処理中心のシステムに作り替えることが必要になります。これも、システムが寿命を迎えたと考えるべきでしょう。

社内にシステムが乱立し、コストもリスクも高まってしまう。これが三つ目の契機です。利用頻度の低いシステムを廃止して別システムに機能を移管したり、システム間連携を減らして全体をシンプルにしたりといった対策を採るために、システムを再構築することがあります。全体最適を図るというわけです。

以下では三つ目の理由に挙がった「社内システムの乱立」を想定し、システム再構築の説明をします。

システム間連携は問題の温床

その前に、社内システムが増えるとなぜ問題なのかを明らかにしておきます。システムはこれからも増え続けるでしょう。新システムを構築するとそこにどんなリスクがあるのか、それを知っておくのはITアーキテクトとして意味のあることです。

新システムを構築する際、乱立させようとする人はいません。結果的に乱立したような状況を招いているだけです。では、複数のシステムが存在すると、どこにどんなリスクがあるのか。システムによってインフラのアーキテクチャーが違うので運用スキルが異なるなど、いろいろなケースが考えられますが、複数システムがあると必ずといっていいほど発生するのはシステム間連携に起因する問題です。

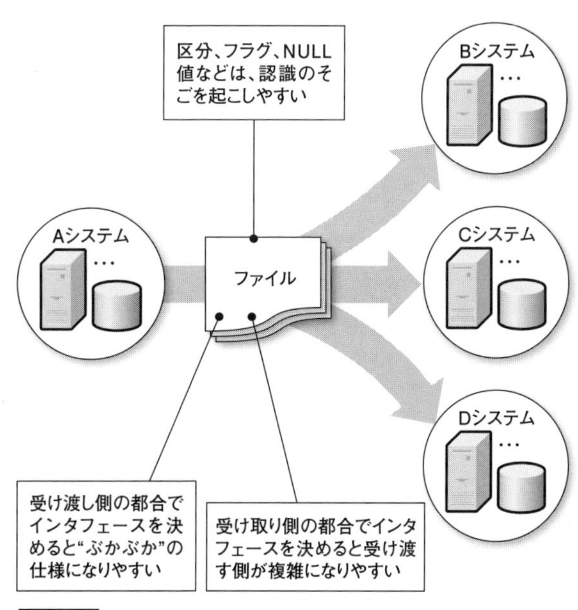

図6-1 システム間連携のリスク

ファイルの受け渡しでシステム間を連携する場合、時間がたつと前ページの**図6-1**に示したような問題が生じます。一つのシステムから複数のシステムに情報を渡す際、受け渡す側と受け取る側のどちらかの都合でインタフェースを決めることが多いもの。受け取る側の都合で決めると、個々のシステムに合わせたインタフェースを用意することになり、受け渡し側が個別要件に対応し続けるために複雑化しやすくなります。個別のインタフェースを用意する実装は受け渡し側にミスが起こりやすいというリスクがあります。

受け渡す側の都合で決めると、個々のシステムを包含したような“ぶかぶか”の仕様になりやすいものです。ぶかぶかの仕様はテストが難しいというリスクがあります。

ファイル内の項目に目を向けても、区分、フラグ、NULL値などがあると、それらは認識のそごを起こしやすく、時間がたつと間違った解釈をして問題を起こしやすいというリスクがあります。

これまで「手作業の自動化」を目的に企業内の情報システムは段階的に展開されてきました。会計や販売管理など組織の機能と対になるようにシステムが構築されたと思います。しかしながら最近のビジネスニーズは組織をまたがったものが多く、組織単位のシステム構成ではビジネスの変化についていけません。新たなビジネスのアイデアを具現化するためにあちこちのシステムに手を入れなけれ

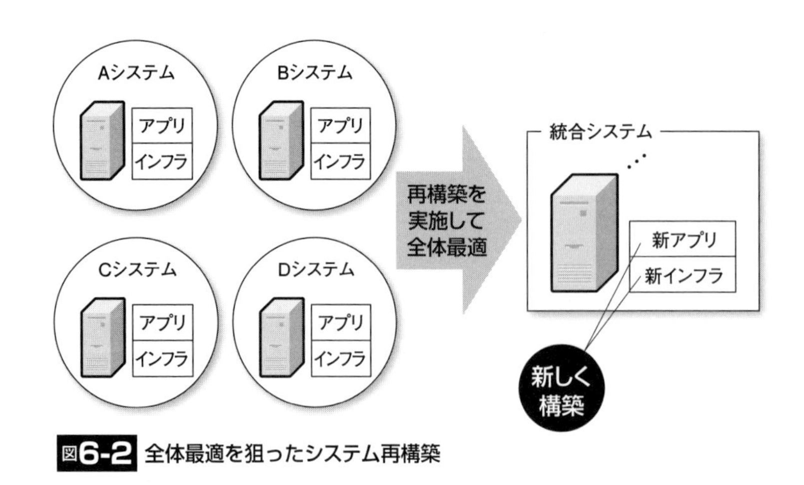

図6-2 全体最適を狙ったシステム再構築

ばならないからです。また、システム間はデータ連携が必要ですので、図6-1のようなリスクに向き合い続けなければなりません。これまでビジネスを支えてきた基幹系システムの変化対応力が大きな課題としてクローズアップされると、筆者は考えています。

最大の難関は正しいシステム仕様の確定

ではここから、システムを再構築する際、ITアーキテクトが何を考えるべきか、何を考慮すべきかを解説します。冒頭で紹介した三つの契機のうち、3番目の全体最適の観点で、責務が重複するシステム群を新システムに統合するケースを想定します（**図6-2**）。既存システムのアプリケーションもインフラも作り直すことになります。

再構築の進め方は、「(1) 現行システム群の分析」「(2) 統合システムのアーキテクチャー設計」「(3) 移行対象の抽出」「(4) 統合システムのデータモデルの作成」「(5) 非機能要件の検討」「(6) 段階的なデータ移行計画の策定」となります（**図6-3**）。順番に説明します。

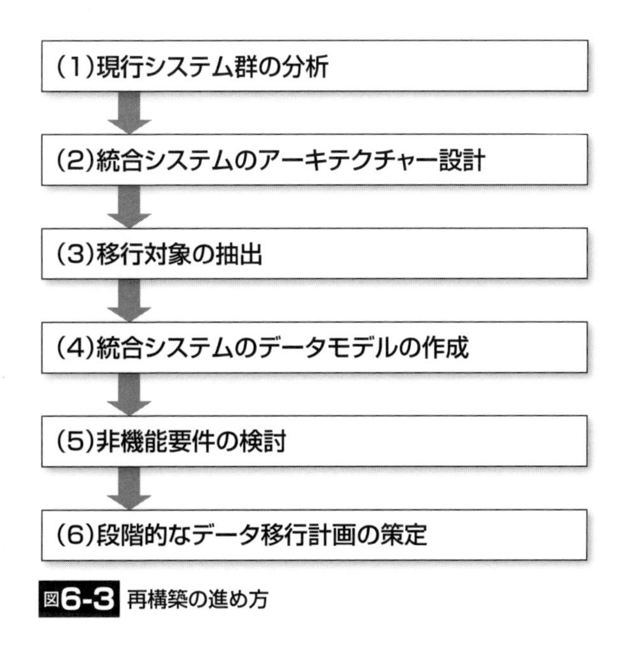

図6-3 再構築の進め方

最初は（1）現行システム群の分析です。システムを再構築する際には、現行システムの何を把握すればいいのでしょうか。アプリケーションもインフラも作り直しますので、設計はやり直すことになります。再構築時に必要なのは、システムの「仕様」です。「システムの機能一覧」「画面仕様」「システム間のシーケンス図」「機能間の状態遷移図」「機能の動的仕様」などがあります。

こうした仕様がなければ、再構築をしたことでシステムの機能が漏れていたり、機能の動きが違っていたりといった不具合を起こしてしまいます。正しい仕様がなければ、正しく再構築できないのです。

ところが、これが最大の難関です。なぜなら、初期リリースから時間が経過し、信じられる仕様書がないケースが多いからです。初期開発の際に仕様書を作成しますが、開発中に詳細レベルで仕様が変わることは珍しくありません。また、長年使い続けていると多くのケースで仕様の見直しを行いますが、それが正しく仕様書に反映されているとは限りません。ドキュメントとして残されている仕様書はもちろん参考になりますが、実際に動作しているシステムを正しく反映したものではない、という前提に立つ必要があります。

では、どうすればいいのでしょうか。正しいのは実際に動作しているソースコードです。とはいえ、すべてのソースコードを読んで仕様書を一から作り直すというのは、非現実的な作業です（**図 6-4**）。システムの仕様ならユーザーに聞けばい

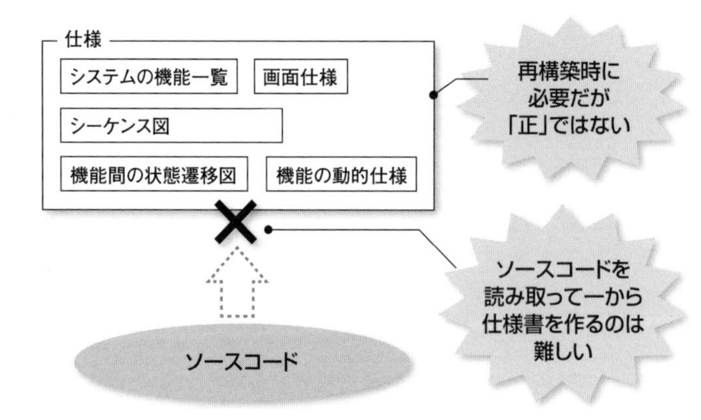

図6-4 ソースコードから仕様書を作るのは難しい

いではないかと思う方がいるかもしれません。しかし、再構築を迎えるような長年使い続けてきたシステムの仕様は、システムのユーザーに聞いても分からないというのが実情です。

筆者が現場で実施しているのは、既存の仕様書をベースに、ソースコードと合っているかを確認し、ソースコードを「正」として仕様書を正しくしていく方法です（**図 6-5**）。手間のかかる方法ですが、これしかないと考えています。このときにポイントとなるのが、設計書です。なぜなら、仕様書からソースコードを作るわけではないので、仕様書のどの部分と、ソースコードのどの部分が対応するかが分からないからです。

システムを作る際、仕様書を策定して設計書を作成し、それを基にソースコードを作成します。ソースコードと直接結びついているのは設計なので、仕様書の当該部分のソースコードを判断するには、設計書が必要になるということです。すべての設計書が必要になるわけではなく、最低限必要なのは、機能とプログラムモジュールの関係を示した「コンポーネント図」と、論理的なデータモデルを示した「E-R 図」です。

この方法には二つの問題があります。一つは、設計書も最新とは限らないこと

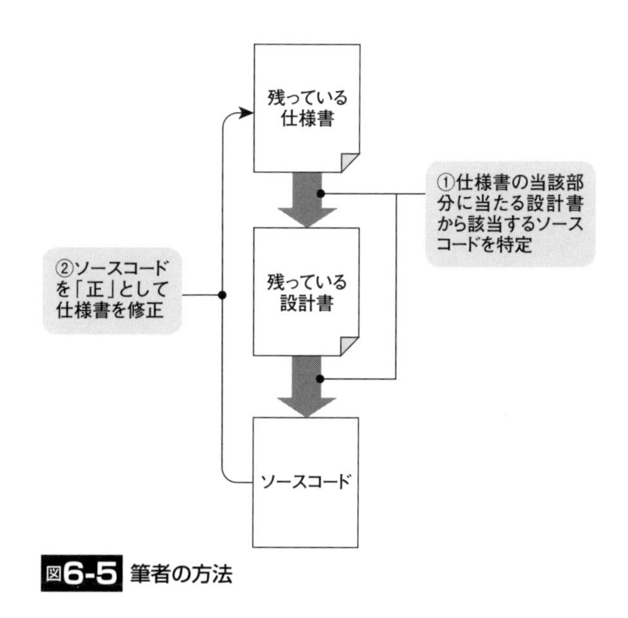

図6-5 筆者の方法

です。設計書とソースコードの多重メンテナンスを避けるために、ソースコードだけを修正し、設計書は修正していないことがあります。「ソースコードを修正したら設計書を修正する」という運用ルールがあったとしても、設計書がソースコードと整合が取れていることをコンパイルチェックのように機械的に確認することができません。ですので、ソースコードと設計書は必ずズレがあると考えるべきです。

もう一つの問題は、ソースコードが読みづらくなっていることです。新旧の仕様が単一のソースコードに紛れることによってデッドコード（実行されることがないソースコード）が生まれていたり、性能要件を満たすために歪な改修を続けた結果、必要以上に複雑化したソースコードになっていたりします。また、改修担当者はデグレードテスト（改修によって品質が低下していないことを確認するテスト）を楽にするために、できるだけ修正範囲を小さくしようとするのは珍しくありません。本来はリファクタリング（再設計）をした方が保守性の面で良いと分かっていても、時間やコストの制約からできるだけ影響範囲を小さくしようとします。このように、ソースコードは複雑で理解し難くなっているものです。

データ連携不要のアーキテクチャー

次は、⑵ 統合システムのアーキテクチャー設計です。アーキテクチャーの設計方法は、2-1「アーキテクチャー設計」で紹介しました。システムを再構築するとはいえ、基本は新システムと同じです。インフラ部分のアーキテクチャー設計の手順を簡単に説明すると、先にソフトウエア構成を仮決めし、ソフトウエア構成を非機能要件に基づいて検討した上で、ハードウエア構成の仮決めと検討を行います。

システムが乱立しリスクやコストが大きくなったことを想定していますので、統合システムのアーキテクチャーはシステム間連携ができるだけ不要なシステムにすべきです。具体的には**図 6-6** 右のように、これまで別々に管理していたデータを１カ所に集め、ファイルなどによるデータ連携を不要にする構成がふさわしいでしょう。

最近では全体最適を図るシステム再構築をきっかけに、クラウドコンピューティングを利用するケースが少なくありません。

「移行」「統合」「捨てる」「残す」を判断

全体最適を図るシステム再構築とはいえ、現行システムのすべてが移行対象になるとは限りません。現行システムのデータや機能をそのまま移行すると、現行システムの複雑さをそのまま統合システムに持ち込んでしまうからです。だからこそ、(3) 移行対象の抽出が重要なステップとなります。

機能とデータの両方で見ていきます。統合システムに必要な機能は、(1) 現行システム群の分析によって見いだすことができます。ポイントは、これを機会に機能の統合を図ったり、クラウドに移行する際はあえてオンプレミスに残す必要のある機能を判断したりすることです。機能ごとに「(そのまま) 移行」「統合」「捨てる」「残す」などの判断をします。

統合システムに移行するデータを見極める際、データベースの項目を一つずつ見ていても、移行対象なのかどうかを判別することはできないものです。移行対象かどうかを見極めるには、システムの本質的な役割に戻って検討する必要があります。システムをブラックボックスに見立て、何を入力して何を出力しているのかを明らかにします。そうすることでシステムの本質的な役割を把握できます。

システムへの入出力項目が把握できたら、次にシステム内部に視点を移し、項目間の関連をデータモデルとして図示します（次ページの**図 6-7**）。これは要件定義フェーズのときに作成した概念データモデル図と同様の抽象度です。ここで重要なのは、外部システムで発生したデータを取り込んだ項目なのか、自システム

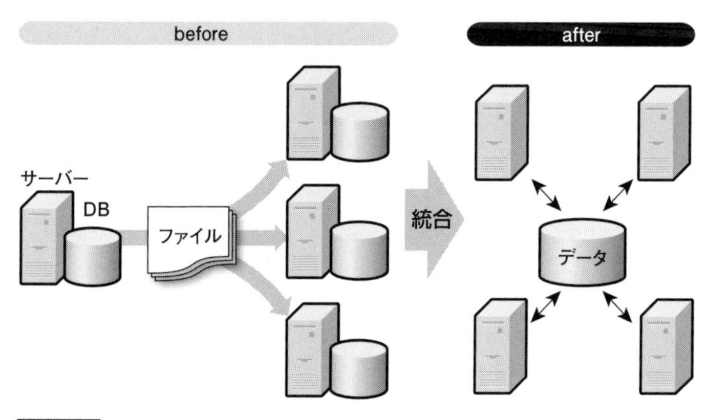

図6-6 統合前後のシステムアーキテクチャー

で発生したデータ項目であるかを区別することです。図6-7の例では、マスターデータは外部から取り込み、トランザクションデータは自システムで発生したデータとして区別して表現しています。統合システムに移行するデータは、自システムで発生したデータになります。外部から取り込んだデータは別のシステムで移行対象となっているはずで、統合システムではそれを利用することになります。

外部から取り込むデータはDB内でレプリカ保持

移行対象のデータ項目を抽出したら、(4) 統合システムのデータモデルの作成をします。基本的には現行システムのデータモデルをそのまま利用します。先ほど説明した外部から取り込むデータは、ほかのシステムのデータとして取り込まれているはずですので、そのレプリカを持つようにします。

ここで必要なことは、用語の統一とレプリケーションの方向の確認です。複数のシステムを統合する場合には、現行システム固有の「方言」がエンティティー名や項目名に入っていることがあります。方言とは、同じ意味の情報を別名で呼ぶことを指します。このような状況では名寄せをして、用語辞書を作ります。統一名称を決め、その属性として方言を併記します。用語統一ができたら、移行前後でデータの整合が崩れていないことを確認します。

また、データごとのレプリケーションの方向を確認します。データモデル間で

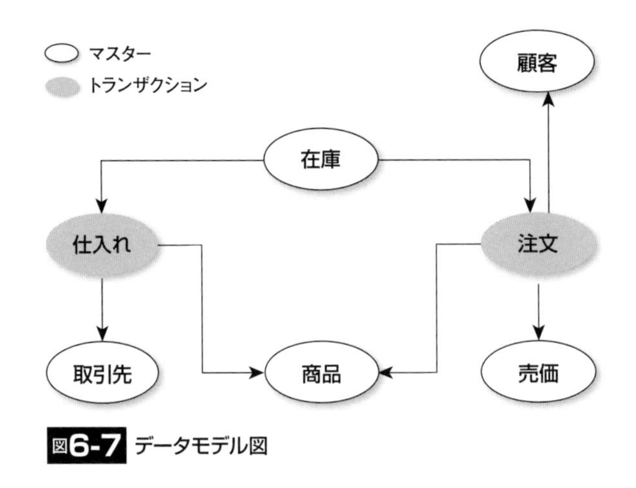

図6-7 データモデル図

一方向の依存関係とし、運用が難しい双方向レプリケーションが発生しないようにします。

各システムの最上位レベルの要件が必要

ここまで進めたら、(2) で決めた統合システムのアーキテクチャーを分析します。具体的には、(5) 非機能要件の検討です。

ここまでのステップは論理的な作業で、このステップで物理的な検討を行います。論理的な確からしさを担保した上で、物理的な制約に意識を向けます。この順番は大事です。十分に論理的な検証をせずにハードウエアをサイジングしても、論理的な制約からインフラを生かせず、性能や可用性の制約により運用リスクを抱え込むことになるからです。

統合システムの非機能要件は、現行システムの非機能要件を基に決めます。再

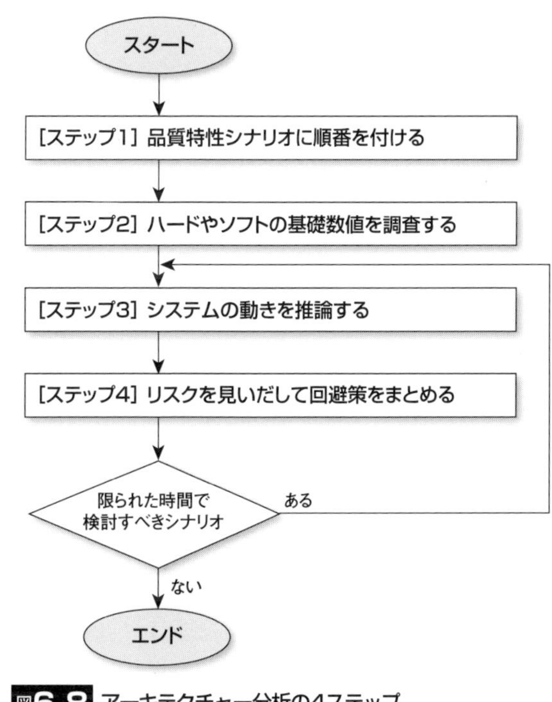

図6-8 アーキテクチャー分析の4ステップ

構築によりレベルダウンすることは許されませんので、統合システムの非機能要件は現行システムの各要件の最上位レベルを集めたものになります。そのためコストや技術面で非現実的な要件となる場合がありますので、アーキテクチャー分析をしっかりと実施します。

一つの例を挙げましょう。最近、仮想環境にシステムを統合し、全体コストの削減を狙う取り組みがよく行われています。しかし、システムを統合することにより、これまで別々のシステムに閉じていた処理負荷がストレージなど共有する部分に集中し、性能のボトルネックとなるケースが珍しくありません。統合システムの場合、あるシステムの負荷がほかのシステムの性能劣化を導いてしまう、ということです。IT アーキテクトは物理的にどのような負荷が発生するか推論を立て、移行後のリスクを検証します。推論の立て方は2-2「アーキテクチャー分析」で紹介しました。システムを再構築するとはいえ、基本は新システムと同じです。前ページの**図 6-8** に手順を再掲しておきます。

性能面のほかに、可用性の観点からも検証します。統合によりシステム間の依存関係が変わる場合は、依存先の可用性が十分高いことを確認します。さまざま

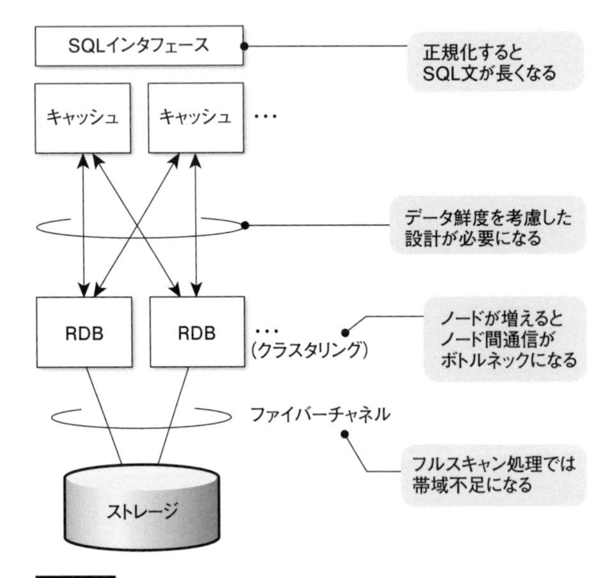

図6-9 共有ストレージを持つDBのクラスタリング構成

なシステムから依存を受けるシステムは、計画停止などダウンタイムの影響が広範囲に及びます。これまでの独立していたシステムではその影響は局所化されていたのに対し、統合によりそのダウンタイムが許容できない構成になっている場合があります。十分な可用性が担保できるのか、また、今後の変更要求に対して十分な可用性が担保できるのかを検証します。

図6-9は、共有ストレージを持ったデータベースのクラスタリング構成です。参照負荷が集中することを想定し、リード性能を担保するためにキャッシュ機構を備えています。このような構成の潜在的リスクにITアーキテクトは目を向け、移行後にリスクが顕在化して大きな混乱が生じないように十分な机上検討を行います。リスク顕在化の可能性が高い場合、アーキテクチャーを変更します。

段階的にDBスキーマを変更

最後に(6)段階的なデータ移行計画の策定です。昨今ではシステムが保持するデータ量が増え、そのため移行に時間を要するケースが増えています。夜間など限られた時間内で作業を完了するのが難しく、段階的な移行が余儀なくされています。

このステップでは物理的なデータモデルをベースに移行計画を立てます。テーブルごとのデータボリューム、システム間のデータ転送帯域、データ転送時間などを見積もります。留意すべきは、データモデルの連続性です。フェーズ分けをして段階的にリリースする場合は、リリースごとにテーブル間のリレーションが変わらないように、段階的にDBスキーマを拡張します。そのためには、テーブル間のリレーションの変更や既存テーブルへのカラム追加ではなく、新たなテーブル追加が原則になります。そうすることで、移行時のダウンタイムは短くなり、また万が一不測の事態が発生しても移行前の状態への復旧が容易になります。

まとめ

- ●複数システムを長年使い続けると、システム間連携が問題の温床になる。
- ●システムの再構築は6ステップで進める。最初のステップで、現行システム群を分析する。
- ●現行システムの仕様を確定するために、設計書から該当するソースコードを特定する。

6-2 全体タスクと留意点

技術課題の解決策本質に近づけばシンプルに

ここまでで、システム開発のV字モデルと稼働後のシステムライフサイクルのフェーズに沿って、ITアーキテクトは何をすべきなのか（＝タスク）を説明しました。6-2では、前半でこれまで説明したITアーキテクトのタスクを一気に振り返り、後半ではフェーズによらずITアーキテクトが留意すべきポイントをまとめます。

フェーズごとのITアーキテクトのタスク

ITアーキテクトのなすべきことを一つの図にまとめました（**図6-10**）。この図でまず押さえておきたいことは、プロジェクトマネジャーとITアーキテクトの責任範囲の違いです。プロジェクトマネジャーはシステム開発にのみ責任を持ちますが、ITアーキテクトはシステム開発のみならず稼働後にも責任を持ちます。プロジェクトに責任を持つのがプロジェクトマネジャーであり、システムというプロダクトに責任を持つのがITアーキテクトです。

ITアーキテクトが常に意識するのは、情報システムのアーキテクチャーです。アーキテクチャーはどのようにして決まるのでしょうか。インプットとなるのは「ビジネスニーズを満たすために、情報システムで実現したいこと」であり、それを要件定義フェーズでつかみます。要件定義フェーズではビジネス視点とシステム視点の両方の視点を持つことが重要です。

ビジネス視点ではステークホルダーの関心事を聞き出し、「利害関係者マップ」を作成します。この段階でのITアーキテクトの主な役割は、要求仕様の漏れや矛盾をなくすこと。そのために「概念機能モデル図」や「概念データモデル図」を作成します。一方のシステム視点では非機能要件に注目します。パフォーマンスやスケーラビリティー、アベイラビリティーをできるだけ定量的に押さえ、「ユーティリティーツリー」として作成します。ここまでの情報を基に、要件定義フェーズでは「初期アーキテクチャー」を作ります。この初期アーキテクチャーはステー

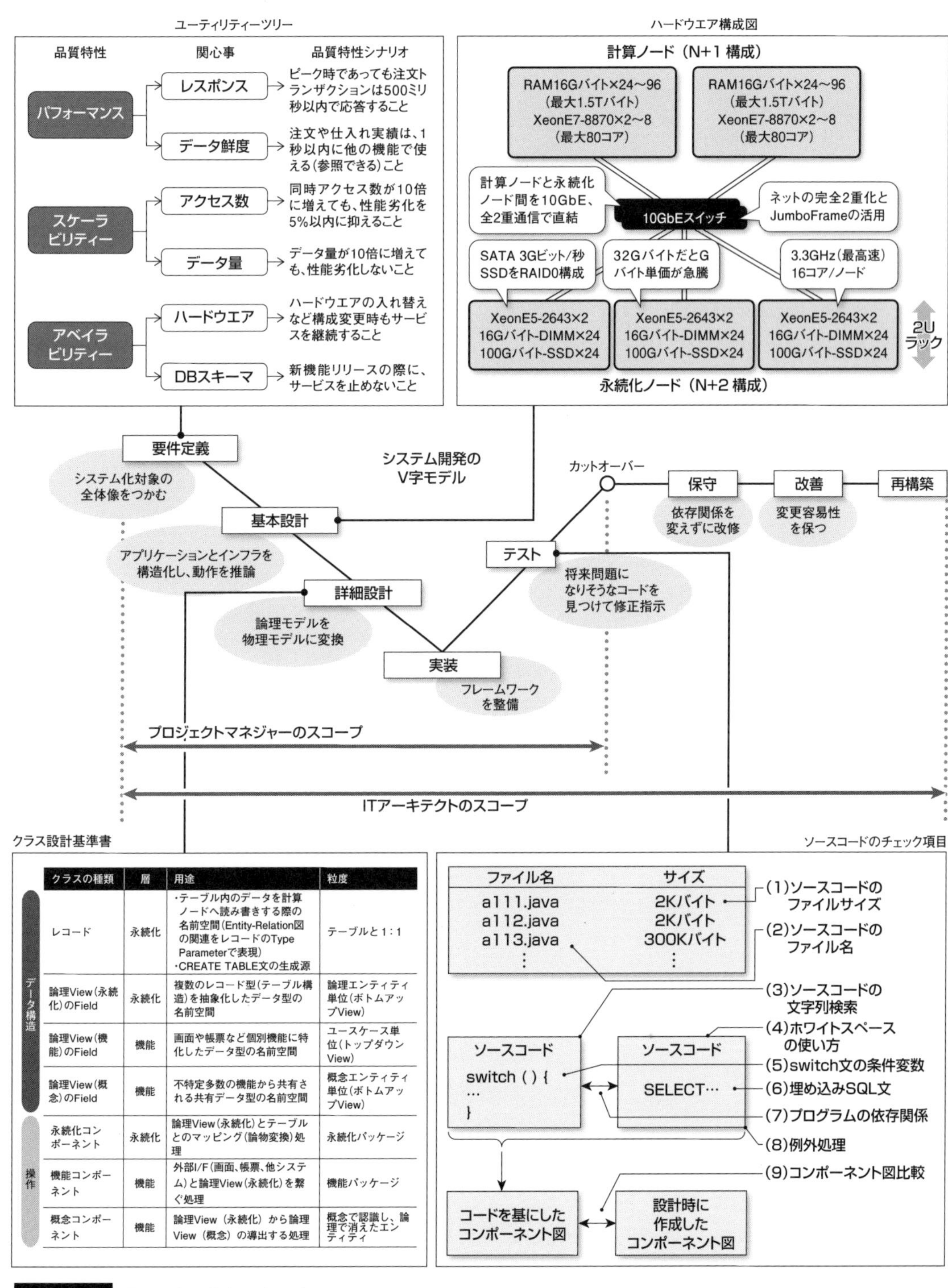

	クラスの種類	層	用途	粒度
データ構造	レコード	永続化	・テーブル内のデータを計算ノードへ読み書きする際の名前空間(Entity-Relation図の関連をレコードのType Parameterで表現) ・CREATE TABLE文の生成源	テーブルと1:1
データ構造	論理View(永続化)のField	永続化	複数のレコード型(テーブル構造)を抽象化したデータ型の名前空間	論理エンティティ単位(ボトムアップView)
データ構造	論理View(機能)のField	機能	画面や帳票など個別機能に特化したデータ型の名前空間	ユースケース単位(トップダウンView)
データ構造	論理View(概念)のField	機能	不特定多数の機能から共有される共有データ型の名前空間	概念エンティティ単位(ボトムアップView)
操作	永続化コンポーネント	永続化	論理View(永続化)とテーブルとのマッピング(論物変換)処理	永続化パッケージ
操作	機能コンポーネント	機能	外部I/F(画面、帳票、他システム)と論理View(永続化)を繋ぐ処理	機能パッケージ
操作	概念コンポーネント	機能	論理View(永続化)から論理View(概念)の導出する処理	概念で認識し、論理で消えたエンティティ

図6-10 ITアーキテクトのタスク

クホルダーの要求をくみ取ったものであることが重要で、そうすることで、ステークホルダーに「自分の要求が反映されている」と思ってもらえるのです。

基本設計フェーズでは、初期アーキテクチャーを基に、実際に動作可能なシステムのアーキテクチャーを決めます。考える順番は、ソフトウエアが先で、ハードウエアが後です。先に「論理データモデル図」や「アプリケーション構成図」などを検討し、ソフトウエア構成を決めます。その上で、ハードウエア構成図を決めます。その方法は決してスマートとはいえません。IT アーキテクトの経験や知見に基づいて、ハードウエア構成図を仮決めします。

続いて、仮決めしたハードウエア構成図で問題ないのかどうかを分析します。アーキテクチャー分析の具体的な方法は、推論です。ハードウエアスペックを基礎数値としてつかみ、どこがボトルネックになる可能性が高いのか、それを回避するにはどのような構成にすればいいのかといったことを繰り返し考え、文章にしていきます。泥臭い地道な作業です。ただ、この段階でどこまで考えることができたかで、長く使えるシステムになるかどうかを大きく左右します。

詳細設計フェーズや実装フェーズでは、設計したアーキテクチャーの通りにシステムを作ることに注力します。そのために、IT エンジニアが実施する設計作業の方針を明示。具体的には、「テーブル設計基準書」や「クラス設計基準書」などを作成します。実装フェーズでは、開発者が望まない自由を奪うように、フレームワークを整備するのです。

テストフェーズでは、システムをカットオーバーさせることに加え、IT アーキテクトは「将来にわたってシステムの品質を維持する」ことを強く意識します。具体的には、後で問題になりそうなソースコードをチェックし、必要に応じて作り直しを依頼します。

保守フェーズでは、改修すればアーキテクチャーは崩れるものという前提に立ち、いかにしてアーキテクチャーを崩さないで改修するかを考えます。大事なことは改修の効率より、機能を「素直に」表現すること。目の前の改修が最後ではないので、後から見て分かりやすいことが何よりも大切です。

図 6-10 を見て違和感を覚えた読者がいるかもしれません。その違和感は恐らく「タスク実施のタイミングが遅い」というものではないでしょうか。そう感じた方は既に IT アーキテクトとして活躍しているはずです。

ITアーキテクトは複数のITエンジニアが並行して作業できるように、先行して活動します。図6-10で示した成果物は、各フェーズでITエンジニアが作業する前に作成します。例えばフレームワークは、ITエンジニアがコーディングを始める前に整備しておきます。

こう書けば、「そんな短時間で作ることは不可能だ」という声が聞こえてきそうです。毎回ゼロから考えて作るならばその通りで、時間が足りません。そのために、ITアーキテクトは過去のプロジェクトの成功や失敗から経験値を積み上げ、自らの「テンプレート」を磨いておきます。ここでいうテンプレートとは、ITアーキテクトが作成する成果物のひな型です。自身の経験のみならず、社内外の情報

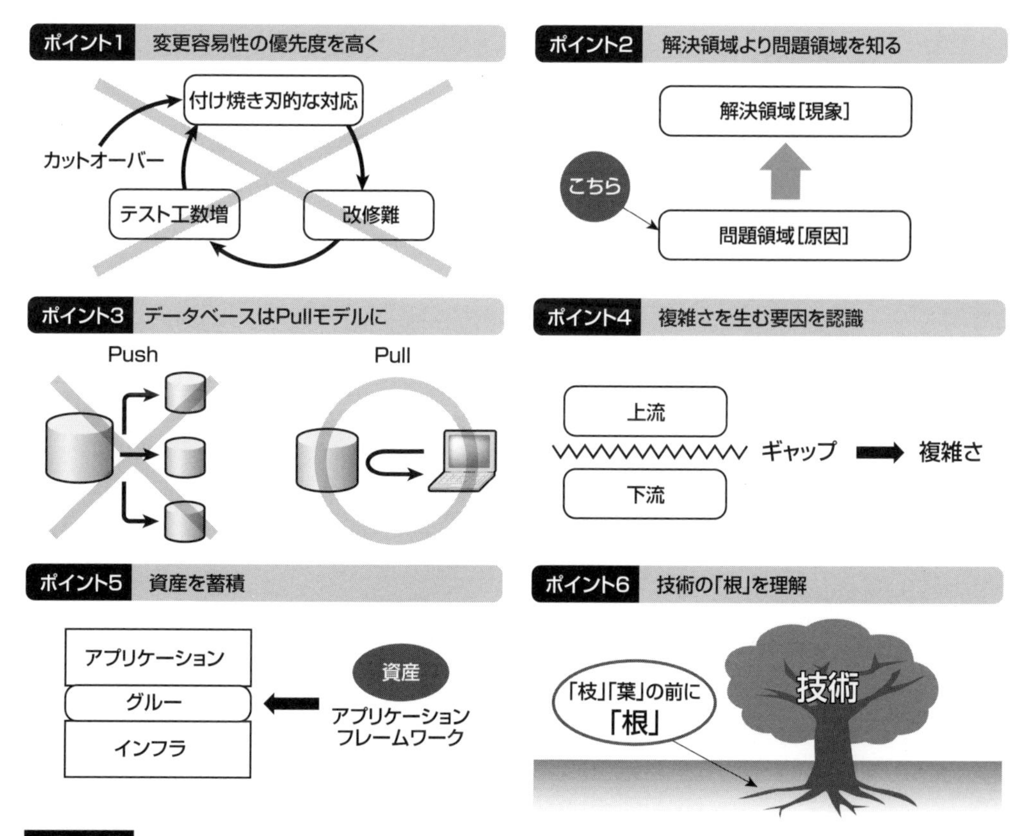

図6-11 ITアーキテクトが留意すべき六つのポイント

を基に、テンプレートに磨きをかけておくのです。

IT アーキテクトの六つのポイント

ここからは、筆者が現場で学んだことを土台に、IT アーキテクトが留意すべき六つのポイントを挙げます(前ページの**図 6-11**)。行動指針のようなものですが、IT アーキテクトとして活動する際にはきっと役に立つはずです。

ポイント１●変更容易性の優先度を高く

情報システムに関わる品質（Q)・コスト（C)・納期（D）はいずれも大事です。ただ、どれも同じくらいかといえば、状況によって優先順位を付けているのが実情です。

システム開発プロジェクトは時間との戦いですので、納期が優先されることが多いのではないでしょうか。一方、カットオーバー後は品質（＝安定稼働）の優先度が相対的に高くなります。安定稼働を優先すると、機能要求の変化に対して「できるだけシステムを変更したくない」という意識が強く働きます。結果として、変化への対応が遅れ、ビジネス上の機会損失を被ります。品質とコストのために納期が犠牲になるということです。

情報システムはコスト負担が重いとよくいわれます。カットオーバー後はコスト制約が厳しくなるものですが、それに加え、システムの改修をしていくうちに「高コスト体質化」が進んでいくからだと筆者は考えています。稼働後にシステムの修正が必要になった場合、短期的な修正コストを最小化するような「付け焼き刃的な対応」を取ることが少なくありません。そうすると、将来の変更容易性が犠牲になります。繰り返し付け焼き刃的な対応を行うと品質担保も難しくなり、テスト負担が重くなり、累積的に修正に対する費用対効果が悪化します。

このような状況をできるだけ招かないように考えて行動するのは IT アーキテクトしかいません。具体的には、変更容易性の優先度を下げないことです。短期的なコスト負担が増えるかもしれませんが、長い目で見て行動しなければなりません。

IT アーキテクトの役割は「つなぐ」ことです。ビジネスとシステム（開発と運用)、事業開発とシステム開発、アプリケーション開発とインフラ運用などをつなぎます。組織が分かれていればミッションが異なるので、必ずといってよいほど「利害の対立」が生じます。この対立が大きくなるとQCDのすべての面において悪影響を及ぼします。ITアーキテクトは手遅れになる前に、利害の対立を超えた解決策を求めて全体をリードします。

作って終わりという情報システムはありません。むしろ、システムをリリースした時がスタートと考えるべきです。また、将来の変化を正しく予測することは誰にもできません。どんなに高度化してもシステムはビジネスを支えるツールです。ビジネス視点から費用対効果を高めるアーキテクチャー的解決策を追求し続けなければならないのです。

ポイント2 ● 解決領域より問題領域を知る

より良いアーキテクチャー的解決策は、どのように追求すればよいのでしょうか。筆者のアプローチは、解決領域を検討する前に、問題領域を意識することです。解決策を探る前に、現場の大変さや困っていること、課題をつかむのです。これらを知らずして適切な解決策を見いだせないと思います。

ここで留意すべきは「原因」と「現象」のタイムラグです。通常は課題の原因が組み込まれ、時間が経過してから現象として現れます。例えば、設計不良がテストを難しくし、付け焼き刃的な開発が運用負荷を重くするといった具合です。現場といっても、開発現場もあれば運用現場もあります。ITアーキテクトはさまざまな現場の課題を認識することが必要です。

解決策を考える際に優先すべきは、やはりビジネス視点だと筆者は考えます。システムが提供するビジネス上の価値を基準に解決策を考えるのです。経営や事業などビジネス視点からシステムが抱える問題を考えると、「やりたいことができない」という機会損失が多いように感じます。機会損失が生じる理由はさまざまで、納期が守れない、コストがかかり過ぎる、システム変更の副作用として品質問題が生じる、などがあります。これらは多くのシステムが抱えており、ITアーキテクトが解決すべき主要な課題です。

ポイント3 ● データベースはPullモデルに

20年前は手作業の自動化がIT活用の主なテーマでしたので、メインフレーム向けのCOBOLによるバッチ処理開発が中心でした。ITによる手作業の自動化が当たり前になると、今度はビジネスの変化に追随できるアジリティーが強く求められるようになります。ゴール（手作業の自動化）が固定ならシステムを作ること自体が目的でも問題ありませんが、ゴールが変わり続けるようになると、作ることよりも変化に対応しやすいことが重要になってきます。この変化への対応において、データベースが問題の引き金になることがあります。

一つの例を示します。オンライン処理性能が問題になると、その原因はデータベースにあることが多く、問題を回避するためによく行われるのは目的別データベースの作成です。目的別データベースは事前のバッチ処理で作成するので、データ項目が増えるたびにバッチ処理プログラムを修正する必要があります。データベースの性能問題を回避するためにアジリティーが低下するということです。また、データベースの参照性能が不足すると、データベースの複製を作ることがあります。そうすると、データベース間の整合を保つ必要があり、不整合を起こさないようにアプリケーションを作り、運用面で工夫しなければなりません。

これらは、表面化した課題に対する対症療法という見方もできます。人間の体と同様に、システムも生き物です。対症療法を繰り返し、さまざまな“薬”を飲み続けると副作用が生じ、新たな病を患ってしまうかもしれません。そして、いつか何が原因でそうなったのか分からなくなってしまいます。対症療法ではなく、根本的な解決策を考えねばなりません。

バッチ処理で目的別データベースを作ってデータを加工するのも、データベースの機能でレプリカ運用するのも、データを「Push」しています。しかし、データベースの本来の目的はデータの一元管理であり、その目的からズレています。本来はデータの整合が保ちやすい、正規化したモデルでデータベースを運用すべきです。データを「Push」するのではなく、データを１カ所に集め、オンデマンドで「Pull」するシステム運用が理想なのです。根本治療にはデータベースを「Pull」モデルに戻す必要があります。

現時点では答えのない問題かもしれません。ただ、問題の本質がどこにあるのか、本来はどうあるべきなのかを忘れないようにしておくことは大切です。

ポイント4 ● 複雑さを生む要因を認識

IT アーキテクトはシステム開発のギャップを意識し、それがシステムの複雑さを生み出す要因だと認識します。例えば、モデリングが中心の上流フェーズと、詳細な設計や実装が行われる下流フェーズの間には、ギャップがあります。こうしたギャップがあると、個々のITエンジニアがバラバラな設計をする余地を生み、情報システムが複雑になってしまうのです。複雑にしないために、IT アーキテクトはITエンジニアが望まない自由を奪うとともに、システムをシンプルに分割して複雑さを持ち込まないようにします。

システムを作るときは分割することで複雑さを回避するのがよいのですが、システムを運用する際は、システムは分割していないほうがいいのです。システムを分割すると、システム間連携が必要になります。6-1で説明したように、システム間連携はさまざまな問題の温床になりやすいからです。

改めて、システム分割について考えてみましょう。なぜ、システムを分割する必要があるのでしょうか。事業単位にシステムが分割されていると、投資判断や管理スコープが明確化しやすいという組織の視点があります。そのほか、サービスレベル（SLA）の違いも分割の理由として挙げられます。基幹系など高い可用性が求められるシステムと、そうでないシステムを分けるという考えです。更新系と参照系では、可用性や拡張性など異なる品質要求があります。システムを分割しないと、それぞれのSLAのうち最も高い値を満たさなければなりません。だから、システムを分割するのです。

IT アーキテクトはこうした状況を踏まえて解決策を見いださねばなりません。基本的にはシステム間連携を避ける方向で考え、高度な品質要求を現実的なコストで実現する手段を探るということです。

ポイント5 ● 資産を蓄積

そのような実現手段は、1プロジェクトの中で生み出すことは難しいものです。IT アーキテクトは複数プロジェクトに携わり、再利用可能な「資産」を蓄積します。そのための活動のポイントは三つあります。

一つめのポイントは、アプリケーションとインフラ（ハードウエアと基盤ソフトウエア）を切り離す役割の「グルー」を設けることです。ハードウエアの進化は著しく、それに合わせて基盤ソフトウエアは進化を続けています。インフラ製品は最新であるほど費用対効果は高く、比較的短期間で交換していくのが望ましいのです。一方のアプリケーションは、変化は激しいものの、一度リリースすると使い続けることが望まれます。このように両者の寿命にはギャップが存在するので、これをつなぐグルー（糊）としてフレームワークを整備することが大事となります。そのフレームワークを資産として作り込んでおきます。

二つめのポイントは、視点をベンダー（売り手）から、ユーザー（買い手）に移すことです。市販の製品というのは、システム全体から見れば部分的な問題を解決するために別々に設計された製品です。そうした製品の組み合わせでは、全体最適から離れてしまう上、それぞれの製品には適用限界があります。適用限界を超えて使えば、必ず弊害が出てきます。しかし、ベンダー視点は売ることが目的なので、適用限界を説明することはあまりありません。ですから、買い手側がプロジェクトをまたがって直面する問題領域への理解を深め、解決策を再利用可能な形で蓄積していきます。

三つめのポイントは、特定の製品やサービスに依存しないようにすること。移植性を担保するということです。より良い代替製品やサービスを素早く採用できるように、スイッチングコストを小さく保ちます。ビジネスの付加価値に直結するアプリケーションの領域を中心に再利用可能なアプリケーションフレームワークを作成しておき、それを支えるインフラは代替可能な小さな部品を組み合わせるのが原則です。

ポイント６●技術の「根」を理解

情報システムへの要求レベルは高くなる一方です。システムとして「できることしかやらない」という姿勢では、ビジネス側からの信頼を失ってしまいます。情報システムを構築する要素技術の進化は早く、システムで「できること」は大きく変化しています。要求レベルも高く道具（要素技術）も変化する中で、ITアーキテクトはどのような姿勢でいればいいのでしょうか。筆者は、「失敗しない」ことよりも、「失敗から学ぶ」ことを重視する姿勢がより重要だと考えます。

技術の進化が激しいIT業界においては、知っていることの量よりも、学ぶ力を持続することのほうが重要です。ITアーキテクトは、移り変わるさまざまな技術の本質的な特性を捉え、そうした技術が登場してきた背景を理解する力を養わなければなりません。特定の製品やサービスの知識よりも、それらに非依存の「根」となる仕組みが理解できれば、「枝」「葉」の変遷を素早く理解することが可能となり、変化を楽しむことができるでしょう。本質に近づけば近づくほど、よりシンプルな解決策に気付くはずです。

まとめ

- ●ITアーキテクトは「情報システム」というプロダクトに責任を持つ。
- ●変更容易性は短期的視点では低くなるので、ITアーキテクトが高く保つようにする。
- ●複数プロジェクトを通してテンプレート（フレームワークなど）を資産として整備する。

第7章

継続開発

7-1 マイクロサービス

サービス正規化を突き詰め データの正規化にたどり着く

米Amazon.comや米e-Bayといった企業の成功事例として「マイクロサービス」が昨今注目を集めています。注目を集める理由の一つは、従来の業務システムを構築する際の一般的なITアーキテクチャーでは解けない問題を解けることがあるからでしょう。

例えばこれまでの、システムを一枚岩で構築する「モノリス」なシステムとの違いを考えてみましょう。モノリスなシステムでは、「サイジング」という言葉に集約されるように、システム処理量や、システムが担う機能などを事前に要件として定義し、期間内に十分な品質をもって構築することを主眼としていました。それに対してマイクロサービスでは、ビジネスの変化に合わせて、「無限の処理量」や「無数の機能」を有機的に融合しようとします。つまり、処理量と機能数の両方の軸において、「無限大」の要求に対応することで、ビジネス上の要求に答えようとしています（**図7-1**）。

マイクロサービスでは、技術的には、広域のネットワーク上に分散された環境において、ビジネス的に支障をきたさない範囲で一貫性を緩める「結果整合性」という特性を持たせます。つまり、データベースに一貫性を保つための役割を集

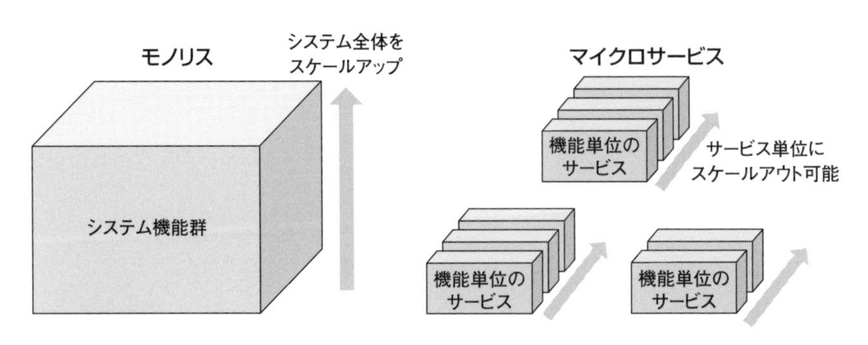

図7-1 モノリス（最適化サイジング）とマイクロサービス（スケーラビリティ）

中させるのではなく、アプリケーションのデザインや運用で結果的に整合性を保てればよいというアーキテクチャーを採用します。つまり、スケールアウトしやすいようにトランザクションのスコープを短くするわけです。

従来のデータベースの高機能に依存したアーキテクチャーでは、データベースが性能や可用性の面でスケーラビリティのボトルネックになります。このボトルネックがビジネスの成長の限界にならないように工夫するわけです。無限の処理量と無数の機能追加に対応できる小さなサービスの連携で、未知の変化に対応しようするのがマイクロサービスアーキテクチャーといえます。

サービスをどこまで分割するか

マイクロサービスアーキアテクチャーで重要なのは、サービスの粒度です。なぜなら、トランザクションスコープをサービス内に閉じることで、サービス連携時のトランザクション制御を意識しないで済むからです。ただし様々なトランザクションをサービス内に閉じようとすると、サービスの粒度は大きくなりサービスの管理が難しくなります。

この粒度の課題は、COBOLで業務アプリケーションを書く際に使うサブルーティンと本質的に同じです。大きな粒度の共通サブルーティン内の分岐が複雑化することで、実行されることのない「デッドコード」が生まれます。また、理解が困難なソースコードの存在により、共通部分が全体の品質担保のボトルネックになるという文脈は、モノリシック（一枚岩な）システムよりも小さなサービスの集合で管理するほうが変化に強いとうたう主張と、“分割統治”の大切さを説いている点で同じです。

ここで重要なのは「どこまで分割するか（程度）」と「何を軸に分割するか（視点）」の二つです。なぜならば、分割するほど各要素の凝集度（安定性や再利用性）は高まりますが、組み合わせの複雑さやリスクが増すという副作用が存在するからです。また、機能視点できれいに分割しても、機能をまたがるトランザクション管理の視点では煩雑さが増すこともあります。

例えば、顧客情報の属性を重複して個別のサービスで互いに独立して管理すればトランザクションスコープをそれぞれのサービスに閉じることができます。しかし、顧客の住所などその属性変更が必要になると、サービス間をまたがったトランザクション制御が発生します。あるユースケースでは理想的なデータの持ち方が、別のユースケースからみると不都合な場合もあるのです。

このような副作用に関しては、SOA（Service Orientend Architecture）が関心を集めた時期もサービスの粒度が議論になりました。複数のサービスから共通的に参照する顧客情報などマスターデータの一元管理、MDM（Master Data Management）の必要性に議論が及びました。

サービス連携による課題

マイクロサービスアーキテクチャーにおいて、個々のサービスに必要なデータをそれぞれのサービス内で管理すれば、トランザクションスコープ管理はサービス内に閉じることができます。しかし、マスタデータなど重複して管理している情報を変更する際はサービス間で「一貫性」を維持する分散トランザクション制御の難しさやETL（Extract-Transfer-Load）による非同期データ連携の煩雑な運用が生じます。

一方、MDMサービスでマスターデータを一元管理すれば「一貫性」の問題はサービス内に閉じますが、MDMサービスに集中する処理を常に安定してさばく、「性能」と「可用性」が課題になります。このようにサービス分割とデータ配置の仕方によって異なった課題を生みだすのがサービス連携です。適切なサービス化による恩恵を享受するためには、まず以下の三つのサービス連携による課題と向き合う必要があります。

(1) 性能：分散処理の通信オーバーヘッド
(2) 可用性：通信箇所が増えるほど全体として下がる信頼性
(3) 一貫性：サービスをまたがるトランザクションスコープ

最初の課題は、サービス間連携による性能劣化です。個々のサービスを独立したプロセスで提供し、サービスの物理配置を自在に変更できるメリットを享受しようとすると、サービス間、つまりプロセス間通信による性能遅延というペナルティが生じます。

この遅延の大きさは、通信回数、通信電文サイズ、経路上の装置数、そして通信距離によって決まります。よって、例えばあるユーザーからのリクエストに対しレスポンスを返すまでに介在するサービスの数が増えるほど、性能遅延は大きくなります。つまり、サービスの粒度をより小さく分割し、サービス間連携が多くなるほど、ユーザーから見た性能指標であるTAT（Turn Around Time）は悪化します。

サービス間連携による2つめの課題は可用性です。介在する全てのサービスが正常に稼働していなければ、ユーザーからのリクエストに対する可用性を担保できません。

もちろん、各サービスを複数の物理サーバーで稼働させることでハード障害への対策はできます。しかしながら一部の物理サーバーの負荷が高まり、所定の時間内で応答できないなどソフトウエア障害には対応できません。後者に対応するために、通信電文サイズや通信帯域の制約を考慮した流量制御などソフトウエア的な仕掛けを組み込むと、全体の複雑さが増し、想定外の障害を招くリスクが増大します。

3つめの課題は一貫性です。複数サービスを横断するようにデータの整合性を取りながら更新する場合に問題が生じます。ネットワークやサービスの障害はゼロにはできないからです。ネットワークの瞬断やサービスの一時的なダウンなど、更新処理中の異常を考慮した設計と運用が必要となります。これを考慮するときの大変さは、サービスが内包するデータベースのテーブル設計に依存します。サービス間で重複してデータを持つほど、システム全体での一貫性の担保は難しくなります。

ナノサービスの密結合でマイクロサービス化

サービス連携による3つの課題のうち、性能と可用性に2つに対応するには、論理と物理を分けて考えます。ここでいう論理とは、機能要求の変化にソフトウエア的な対応が迅速にできる「変更容易性」を得るための論理的な構造の最適化です。それに対し物理とは、性能と可用性に関する非機能要件を満たすために、論理的に最適化したソフトウエアモジュールの物理的な配置を最適化することを指します。

例えば、サービス間を連携するイーサネット通信があれば、イーサネット網の遅延と帯域の物理的な壁を超えることはできません。つまり、論理構造を考える際に、物理制約から生じる性能や可用性といった検討要素を分離する必要があります。

物理制約から離れ、変更容易性を追求していくと、サービスの粒度は小さくなっていきます。近年Javaなどメジャーな言語でも関数型プログラミングのパラダイムを取り入れたこともあり、関数の合成でサービスを形作る方向性です。小さな関数にまで複雑さを分解しておけば、変更時の影響範囲を極小化し変更容易性を最大化できるからです。

さらに、サービスが互いに影響を与えず変化できることを志向すると、サービスがアクセスするテーブルが互いに排他的であることが理想です。排他的とは、例えば「決済サービス」と「配送サービス」があるシステムでは、それぞれに「決済テーブル」と「配送テーブル」を内包し、他のサービスからそれらにアクセスすることがないサービス固有のテーブルを持つことです。この互いに排他的なサービスなら、テーブルの構造変化をサービス内に閉じることができ、互いに独立した進化が可能になります。

しかし、両サービスはどちらも決済者の「財布」や配送先の「住所」といった顧客属性に依存を持つことになります。よって「顧客マスター管理サービス」が「顧客テーブル」を内包し、決済や配送サービスと同様に互いに独立させるには、

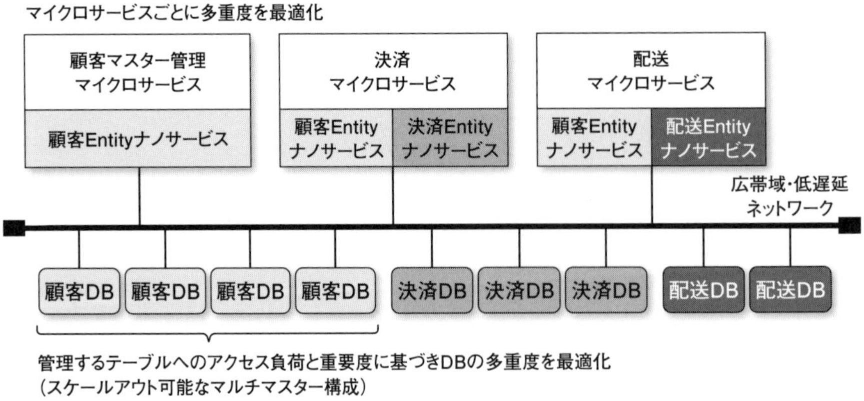

マイクロサービスごとに多重度を最適化
顧客マスター管理
マイクロサービス
顧客Entityナノサービス
決済
マイクロサービス
顧客Entity
ナノサービス
決済Entity
ナノサービス
配送
マイクロサービス
顧客Entity
ナノサービス
配送Entity
ナノサービス
広帯域・低遅延
ネットワーク
顧客DB
顧客DB
顧客DB
顧客DB
決済DB
決済DB
決済DB
配送DB
配送DB
管理するテーブルへのアクセス負荷と重要度に基づきDBの多重度を最適化
（スケールアウト可能なマルチマスター構成）

図7-2 ナノサービスの組み合わせとマルチマスターDBによる性能と可用性の最適化

テーブル（Entity）の粒度で互いに独立したより小さいサービスを設計する必要があります。つまり、Entity 粒度のより小さい「ナノサービス」を土台に、その上位で下位サービスを組み合わせて決済や配送といった「マイクロサービス」を構成するわけです（**図 7-2**）。これにより、互いに独立したサービスとなり変化対応力を最大化できます。

すなわち、ナノサービスは重複がなくなるまで正規化したテーブル設計における Entity の粒度であり、マイクロサービスは機能視点で分割した単機能の粒度です。互いに独立した単機能の組み合わせで業務を支えていれば、業務の変更はマイクロサービスの再構成で対応できるわけです。

論理的な構造の最適化が済んだら、次は物理配置の最適化です。ナノサービスの組み合わせ次第では、サービス連携における性能面でのペナルティが大きくなります。この影響を最小化するために、マイクロサービスの中にライブラリとしてナノサービスを組み込み、同一プロセスとして稼働させます。

さらに特定の Entity への要求が集中することへの対応として、スケールアウト可能なマルチマスター構成のデータベースで処理の負荷を分散します。これにより参照性能を担保し、十分な可用性を得るためにデータベースを物理的に多重化します。

つまり、サービス化の恩恵を得るために論理的には「疎結合」を追及し、サービス連携における性能と可用性の課題を解くために物理的には「密結合」させるわけです。さらにサービスが内包するデータベースの十分な参照性能と可用性を得るために、Entity の特性からサーバーの数で最適化します。

トランザクションスコープを短くするテーブル設計

サービス連携による 3 つの課題のうち、最後の一つである一貫性の課題をシンプルに解くには、サービス内にトランザクションスコープを閉じ、サービスをまたがった更新トランザクションを発生させないことです。つまり、トランザクションスコープを短くすることで、一貫性の課題を回避できます。

そのためには、事実のみを永続化して事実から計算で導出できる状態は永続化しないことが鉄則です。例えば、入庫と出庫の履歴から現在の論理在庫は計算で求めることが可能ですが、現在の在庫数を在庫テーブルで管理すると、入庫と出庫のトランザクションは、在庫テーブルも一緒に更新しなければならなくなります。つまり、本来は互いに独立した事象である入庫と出庫というイベントの発生に際し、在庫数を更新するためにシリアライズ（直列化）が必要になるため、互いに独立したマイクロサービスとして管理できなくなるのです。このように、トランザクションスコープをサービス内に閉じるには、テーブル設計が重要になります。

特に、様々なサービスから依存されるマスターデータを管理するテーブル設計は、一貫性に加えて可用性も同時に考慮する必要があります。なぜなら、一貫性の問題をMDMサービス内に閉じるためにマスターデータを一元管理することは、MDMの停止が、依存する全てのサービスが実質的に停止することを意味するからです。よって、MDMがサービスを停止せずに一貫性を保ちながら内包するデータベーススキーマの変更可能性を担保しなければなりません（**図7-3**）。

一貫性と可用性を両立するテーブル設計は不可能に思えるかもしれませんが、既存のテーブルを変更せずに、新たなテーブルを追加することで実現可能です。つまり、管理する属性が増えればテーブルを追加し、不要な属性となれば後日テーブルごと削除します。また発生した事実を重複なく新たなレコードとして蓄積し、過去の事実を変更したり削除しなければ、いかなる時点の状態も事実から再現可

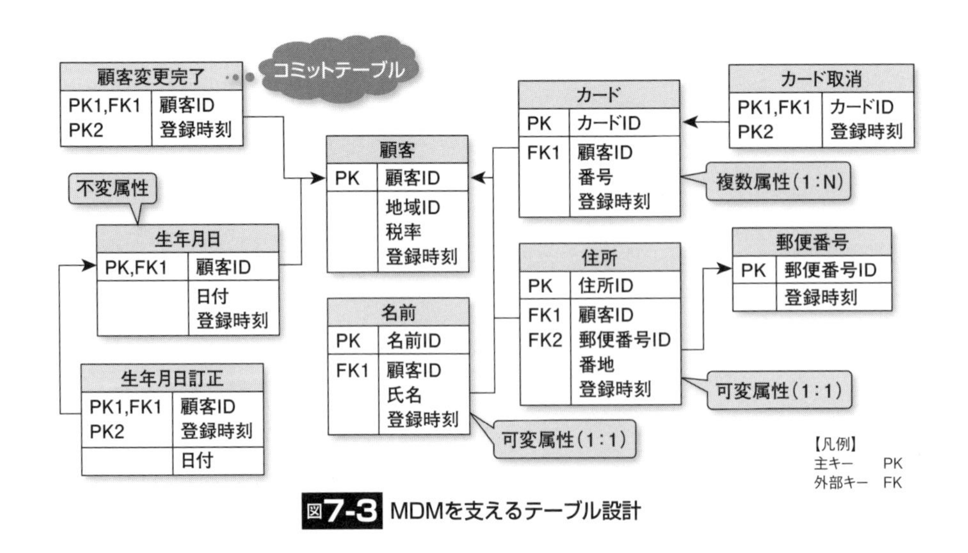

図7-3 MDMを支えるテーブル設計

能です。

この設計なら、新旧異なるバージョンのサービスを同時に稼働できるので、新たな事実が書き込まれている最中にスキーマを拡張しても、一貫性の問題は生じません。さらに、新サービスのリリース後にクリティカルな問題が判明しても、旧バージョンへの切り戻しを無停止で行えます。これにより、アプリケーションのバージョン変更に伴う計画停止をゼロにできます。

データ重複を排除する正規化を追求したテーブル設計では、変化対応力を高める一方で、無数の小さなテーブルが生まれます。その結果、事実を登録する際より多くのテーブルにアクセスするので、トランザクションスコープが長くなる副作用があります。ここで考慮すべき「ロングトランザクション」の副作用とは、直列でアクセスするテーブル数に比例して通信回数が増え、トランザクション処理時間が長くなることです。データベース更新というクリティカルな処理中にサーバーやネットワーク障害に遭遇する確率が高まり、運用上のリスクが膨らみます。

例えば、トランザクション処理中に送信側のサーバー障害が発生すれば、受信側のデータベースはコミットまたはロックバック指示を待ち続けます。その間、タイムアウトまで解放可能な一部のデータベース側のリソースをロックし続けます。ロックを用いたデータ整合性確保には、処理の多重度が高まるとリソース競合やタイムアウトが発生してロックが適切に解放されない「デッドロック」を引き起こすリスクがあります。

デッドロックはアプリケーションの実装ミスやデータベースに内在するバグなど原因は様々ですが、ロックを適切に使うのは難しく、並列処理のタイミングに依存する不具合を事前に検証することはさらに難しくなります。また、データベース全体がスローダウンしたりして大規模障害を引き起こす運用リスクを背負い込むのが、ロックの厄介なところです。

登録トランザクションをテーブルごとに独立

変化対応力を高めるテーブルの正規化を追及しつつ、ロックを用いないで更新処理を確実に行うには、登録トランザクションをテーブルごとに互いに独立させます。具体的には、全ての事実の登録が完了した後にトランザクション完了を記録する「コミットテーブル」を用意し、1回のINSERT命令で１レコードを「オートコミット（自動確定）」で登録するのです。１往復のアトミックな電文で登録を完結させれば、更新トランザクションを非順序化でき、電文の並列化により処理時間を短くできます。

さらに、別パケットのコミット命令が不要なので、後続パケット待ちの間リソースをロックし続ける状態未確定の時間帯もなくなります。非順序化した登録処理中に障害が発生しても、最後にINSERTされるコミット行が存在しなければ、それ以前にINSERTされたレコードは論理積により無効と判断できます。つまり、データ更新時にデータ整合性を保つロックベースのロールバック制御ではなく、データ参照時に論理的にロールバック判定を行うわけです。

このデータベースのロック機構に依存しない「ロックフリー」のトランザクション処理は、ネットワークの分断を前提としたインターネットを経由したサービス連携にも有効です。通信中に障害が発生する可能性があり、復旧までの時間が不定ならば、一定時間内に同期を保障するのは不可能です。よって、必然的に、非同期トランザクション処理を採用することになります。これを実現する際のポイントは以下の三つです。

(1) 送信側は、受信側から「正常応答」が得られるまで処理要求を繰り返し送信する
(2) 受信側は、処理が未完なら処理を実施し、処理完了後「正常応答」を返信する
(3) 受信側は、コミット済み（処理が既に完了している場合）であっても「正常応答」を返信する

この三つの原則が成り立てば、トランザクション処理中にネットワークの瞬断やサーバー障害が発生しても、一度だけ処理を実施した「正常終了状態」にたどり着くことを保証できます。このような「冪等性（べきとうせい）」に基づく結果整合性をデザインすることは、レアケースの障害にその都度対応する運用負荷を減らすために不可欠です。

つまり、アプリケーション開発者が通常行うテーブル設計の段階で、「アプリ

ケーションとインフラの協調設計」を行うことが、マイクロサービスを高い次元で実現するためには不可欠なのです。

まとめ

- ●マイクロサービスにより、従来のITアーキテクチャーで解けない問題を解決できる。
- ●サービス連携では、論理と物理を分けて考え、ナノサービスの密結合でマイクロサービス化する。
- ●一貫性を確保するのために、サービス内にトランザクションスコープを閉じる。

7-2 DevOps

完全を求めるのではなく 不完全への対処をデザイン

高次正規化した「事実」のみを蓄積するテーブルを土台とした「ナノサービス」の密結合によって「マイクロサービス」を構成することで、サービス連携における性能、可用性および一貫性の課題を解けることを7-1で示しました。このアプリケーションとインフラの協調設計は、開発者と運用者の間で利害が対立しやすいミッションクリティカルなシステム運用において、「DevOps」を具現化する際にも有効です。

DevOpsとは、開発側と運用側が協調して動き、より変化に素早く対応できるようにする仕組みのことです。仕組みといっても、そこには文化的な意味合いを持っています。

エンタープライズシステム全体に必要なDevOpsの観点

DevOps実現の仕組みには、継続的な開発を支えるツールやプラクティスも含まれます。しかしアプリケーションからインフラまで一貫した設計と、開発者と運用者の立場の違いから生じる利害の対立を解くアーキテクチャー的な仕組みがなければ、ただ文化をまねてツールを導入しても効果は限定的です。逆に、現場に混乱を招くことにもなりかねません。

そもそも、システムトラブルが企業活動に影響を及ぼす基幹システムや社会インフラを支えるシステムでは、極力システムを変更せず安定運用を最優先します。つまり、開発したものを非常に短いサイクルで変更、リリースするDevOpsとは方向性がそもそも違うという見方もあるでしょう。しかしながら、基幹システム群が保持しているデータを使わなければ、顧客接点を担うフロント側システムの機能は限定されます。

基幹システムが保持しているデータを活用する場合、フロント側に独自のデータベースを設けて、基幹システムとETLでシステム連携するというアプローチが一般的です。しかしこの場合、データ量とシステム機能が増えるほどデータ運用の煩雑さは増し、トラブル時の影響範囲は広くなります。また、ETL連携ではなく基幹システム側にAPIを設けてリアルタイムにサービス連携することも一つの手法です。ただしこの場合は、基幹システム側で提供するAPIの可用性がフロント側サービスの可用性面でのボトルネックになります。

例えば、フロント側に24時間×365日のサービスを提供するニーズが生じたとしましょう。もし、基幹システム側に夜間のバッチ処理中はAPIを利用できない制約があれば、フロント側に基幹システムが管理するデータのレプリカ（複製）を持つことになるでしょう。そうなると、基幹システムとフロントシステム間にETL連携が必要になります。

つまり、DevOpsは要件の変化が激しい領域における局所的なプラクティスではなく、ITがビジネスにとって不可欠となった今日、エンタープライズシステム全体に必要な観点といえるのです。

DevOpsの効果を確実に得るには、一つのITシステムを構築する「ビル建築」のアーキテクトではなく、企業全体を俯瞰し将来を「都市計画」するアーキテクトが必要です。

都市計画時点では将来建てる個々のビルの要件は不明なので、要件を中心に設計することはできません。そのため、不明の個別要件ではなく、不変の事実を中心に据えた設計が必要です。安定した土台の上で可変の要件に対応し、全体として整合性を保つ持続可能な都市を設計するわけです。そうすれば、偶発的で不必要な複雑さの発生が抑制され、将来の開発者や運用者は本質的な複雑さの解決に集中できるでしょう。

Fail Safeをデザインする

では、DevOpsを実現できる都市計画とはどのようなものでしょうか。

開発者は、素早く機能要件を具現化して手軽にリリースできることが理想だと思うものです。一方で、運用担当者はトラブルが発生しない平穏無事な日々を望むはずです。

しかしながら、人が行う作業にミスはつきものです。新たにリリースするモジュールでトラブルが生じない保証はありません。ここに、開発者と運用者の立場の違いから生じる利害の対立があります。この対立構造をアーキテクチャー的な策で解消する、あるいは双方が許容できる程度まで緩めないと、DevOpsは実現できません。

例えば「リリース前に不具合を完全に除去するのは不可能」を前提にするならば、「不具合が判明した時点で旧モジュールに戻す」手段の自動化を考えます。早く先に進みたい開発者のベクトルを尊重しつつ、潜在的なリスクが顕在化した時点で、可及的速やかに元の安定運用していたモジュールに戻れる仕組み、「Fail Safe（安全に失敗できる特性）」をデザインするわけです。

ここで重要になるのが、新旧モジュールを同時稼働できることです。新モジュールがデータベースの状態を変化させ、旧モジュールとの間にデータ不整合が生じるようでは同時稼働は実現できません。整合性を保つには、既存のテーブルを一切変更せずにテーブルを追加していく、「非破壊的」なスキーマの拡張が前提となります。

また、テーブル内のレコードは一切変更・削除せずに論理的に変更・削除を導出する「不変（Immutable）」データベース上でアプリケーションを開発すれば、旧モジュールへの切り戻し運用を確実に行えます。さらに、新モジュールへの移行後は不要になったテーブルもすぐには削除せず、旧モジュールへの切り戻しが不要なほど十分に安定運用した実績を確認してから、テーブルを削除するような

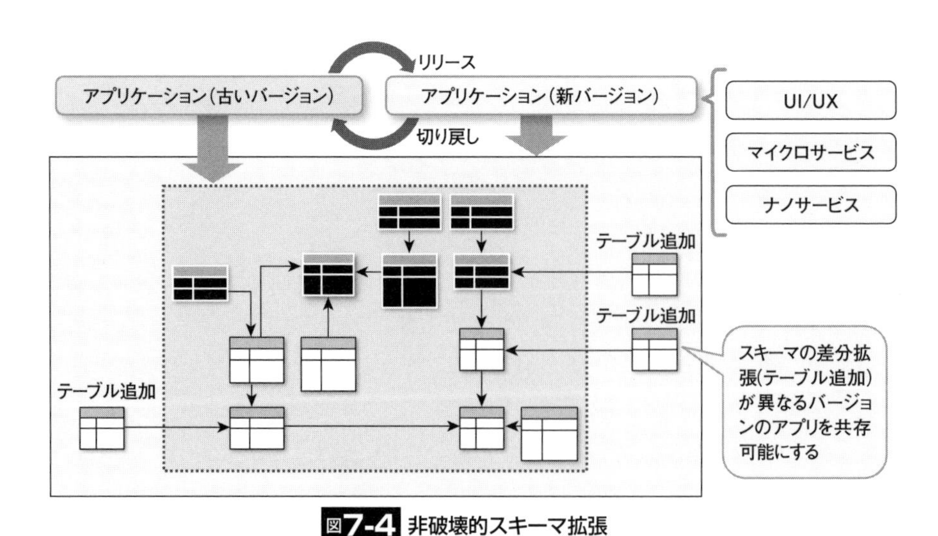

図7-4 非破壊的スキーマ拡張

開発と運用が協調したデータ運用設計が不可欠です（**図7-4**）。

このように、「リリース前に完全な品質を保証する」といった現実的には不可能に近い命題に立ち向うより、確実に解けるより小さな命題を設定することから始めるのが得策です。そして、こうした実現可能なアーキテクチャーを積み上げ、不確かさを許容したDevOpsの実現を目指すのが現実的な解になります。

組み合わせリスクに向き合う

安定運用を損なうリスクには、アプリケーションのバージョンアップに伴うもののほかに、基盤ソフトウエアやハードウエアの変更によるものもあります。外部から調達するこれらのインフラが持つ潜在リスクを、自ら検証するのは困難です。当然、ベンダーは十分に検証をしてから出荷しています。しかし、開発したアプリケーションとインフラ製品との組み合わせは本番システムごとに異なります。この組み合わせが、大きなリスクになります。

メインフレームの時代は、メーカーごとにハードウエアからアプリケーション開発ツールまで垂直統合されていたので組み合わせリスクはメーカー内の検証環境に閉じることができました。しかしシステムのオープン化によって、組み合わせリスクはユーザー側にシフトしています。

接続仕様は標準化されていても、製品に内在するアーキテクチャーは別々にデザインされています。つまり、ユーザー側には見えずまた事前に意識することすら難しいアーキテクチャーのミスマッチが起こるのです。これが起因となり想定外の障害という現象で、潜在リスクが顕在化することになります。

事前の検証をいくら入念に実施しても、想定外のケースには無力です。極限の負荷を人工的に発生させるストレステストを行うことはできますが、劣化するハードウエア、断片化するデータベース、変化するデータのバラつき度合い、予測不可能なユーザーの挙動など、本番環境で発生する将来の実際の負荷を事前に擬似的に発生させることは不可能です。

よって、これらの不可能な命題に向かうのではなく、事前検証では認識できないリスクが存在することを前提に、組み合わせリスクに立ち向うことが必要になります。

例えば、OSのサポート切れによって、データベースソフトもバージョンアップしなければならない状況が生じたとしましょう。アプリケーションも含めた総合テストを入念に行っても、潜在リスクがすべて洗い出せる保障はありません。このリスクに立ち向うには、未知のリスクが顕在化した際の異常な部分を「切り捨てる」策を組み込んでおくこと、縮退可能性をデザインすることが有効です。

つまり、異なるハードウエアや異なるバージョンのソフトウエアが同時稼働できるアーキテクチャーを構築することで、本番サービス中に潜在リスクを検証するわけです（**図7-5**）。

もし潜在リスクが顕在化したら、即座に本番システムから切り離します。この縮退可能な構造とするには、製品固有な機能やソフトウエアのバージョンに特有な機能に依存せず、移植可能性を事前に設計することが大前提となります。

例えば、データベースをバージョンアップしても、ANSIで標準化されたINSERTとSELECTのSQL仕様は変わりません。その移植性を担保するため

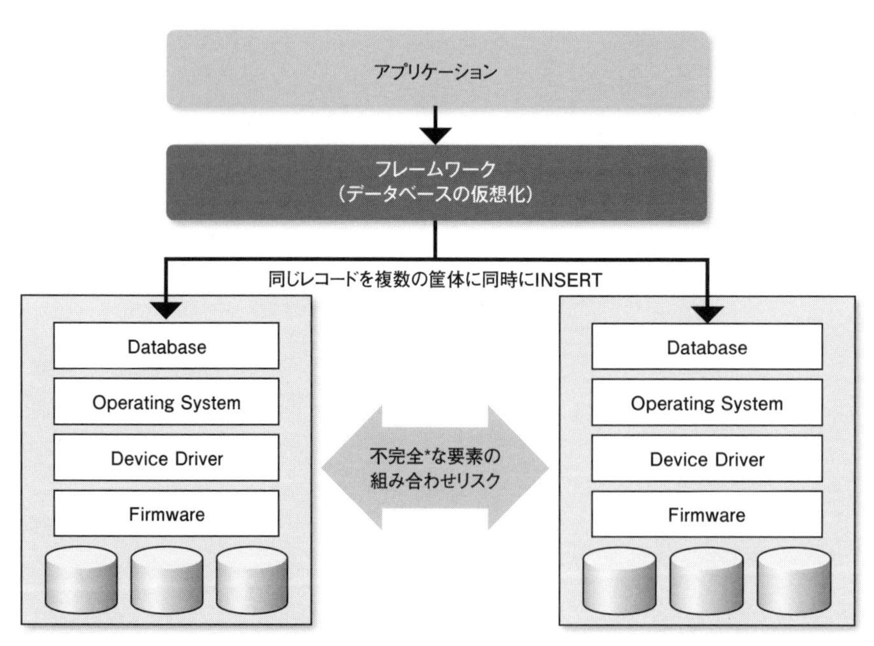

図7-5 縮退可能性をデザインする

にアプリケーションの設計標準を厳格化し、さらに厳格な標準を徹底できるように開発負荷を最小限に抑えるフレームワークを整備します。

もちろん、縮退運転に切り替える際の運用の自動化や、縮退から正常構成に確実に戻す方法は、運用との協調設計が不可欠です。

もしINSERTしか行わないテーブル設計であれば、マルチマスターDB構成の復旧は容易です。なぜなら、更新トランザクションの順序性担保という難問がなくなり、X + Y = Y+Xといった「可換性（Commutative）」という性質が手に入るからです。

INSERTするレコードの順番が換わっても、レコードの物理配置に依存しないSELECT結果に違いは生じません。またテーブルに追記のみという前提があれば、「ないレコードは足す」というルールでCOPYし確実にDB間を再同期できます。

こういった縮退からの復旧もフレームワークの一部のツールとして整備すれば、基盤更改時にアプリケーション開発者の協力を仰ぐ必要は最小限になります。また効果が不明なストレステストに長い時間を割く必要もなくなります。そして、本番環境で組み合わせリスクから生じる想定外のトラブルを許容できるわけです。

「ビッグバン再構築」を避ける

大規模システムを開発する際に「サブシステム」に分割することは一般的です。分割の効果は、並行開発による開発期間の短縮や責任範囲の明確化などです。しかし、その一度引いた境界線が開発後も適切であるとは限りません。また、企業合併など想定外の外的要因により、独立していたシステムを連携して運用することを強いられることもあります。

さらに、システム分割基準とは関係なく、ビジネス側の要件が降りてくることもあるでしょう。そして開発現場は、過去の経緯を知らない世代がソースコードの意図をひも解くのに時間をかけ、存在意義が不明になったデータ項目に目をつむります。こういった目を背けたくなる状況は、企業の規模が大きく、また歴史が長いほど健在化してくる共通の課題といえます。

そのような現場では、小さな変更を繰り返し高頻度でリリースするDevOpsとは真逆ともいえる、四半期に一度、関連システム間の整合性を取りながら一度にリリースするプラクティスが文化として定着しています。全てのシステムが足並みをそろえるために入念な事前のシステム間インタフェースの調整、大規模なシステム間連結テストなど、複雑さへの対応に追われることになります。

こういった現場に共通するのが「機能配置の最適化（見直し）」です。システムを機能単位で分割し、システムが緩やかに連携してビジネス要件の変化に対応するという考え方ですが、ある時点で最適化できたとしても、時間と共にその境界線は崩れ機能配置基準は曖昧となります。なぜなら、要件と機能は１：１ではないからです。

１つの要件の変化は、複数のシステム機能に影響を及ぼし、システム間のデータ連携の複雑さが増大します。その連携の複雑さを抑えようとすると、既存システムの責任範囲を広げて要件を実現することになります。その結果、境界線は複雑化や曖昧さを伴いながら形骸化していくわけです。

巨大な泥団子状態となったシステム群は変化対応力が乏しく、変化対応力を取り戻そうとすると再びその分割基準を見直す必要性が生じます。しかしながら、機能配置の再最適化を行う際に、既存システムは運用中であるため、既存機能はそのまま使えることを期待する「現行踏襲」が制約になります。つまり、全機能を担保しながら機能配置を最適化する、いわば「ビッグバン再構築」となり、高いリスクを抱えることになります。そして時間と共に最適な機能配置は変化するのであれば、機能配置を最適化するビッグバン再構築は永遠になくなりません。

小さな再構築を繰り返す

もし、「機能配置の最適化は将来も繰り返す」を前提にすれば、ビッグバン再構築のリスクを最小化する方法を考えるべきです。大きな再構築のリスクが高いなら、小さな再構築を繰返す方法を考えればよいのです。

この小さな再構築を繰返す際に、不要となった機能やデータを捨てることができれば、保守対象が必要以上に膨れ続けることを防げます。つまり、システム開発効率を高める再利用性（Reusability）を追求する前に、廃棄性（Disposability）の担保を優先した設計を行うことで、持続可能性（Sustainability）が手に入るのです。

マイクロサービスやデータベースの正規化は、捨てる際に影響範囲を局所化させようとする共通のベクトルを持っています。もし残すモノと捨てるモノを分別できていなければ、両者の混在により「捨てられない」状態が生まれます。

つまり、どんな機能要件にも左右されない、ビジネス活動を支える事実を高次正規化したデータモデルで表現しそれを互いに独立したナノサービス化すればよいのです。事実管理は機能要求の変化に左右されません。その事実管理されたナノサービスを統合したマイクロサービスには、機能配置の最適化の視点から、結合の仕方に見直しが入るかもしれません。

ここで重要なのは、機能配置と事実管理の対象を完全に分離することです（**図7-6**）。この分離ができていれば、無停止で運用を続けながら機能配置の最適化を必要なときに何度でもできるようになります。これにより、リスクの高いビッグバン再構築を回避できるわけです。

もちろん、既存のシステムの多くは高次正規化したデータモデルを土台としていないでしょう。こういった設計が現実解となるのは、ハードウエアやソフトウエア技術の進化が背景にあるからです。しかし将来を見据えビッグバン再構築の繰り返しをやめ、企業全体で持続可能性を手に入れることを目指すのであれば、これから作る新規システムから着手すべきです。

新システムにデータベースがあるなら、求められる機能要件を満たすのに十分な小さなスキーマを作り、スモールスタートしてください。その際、企業全体の

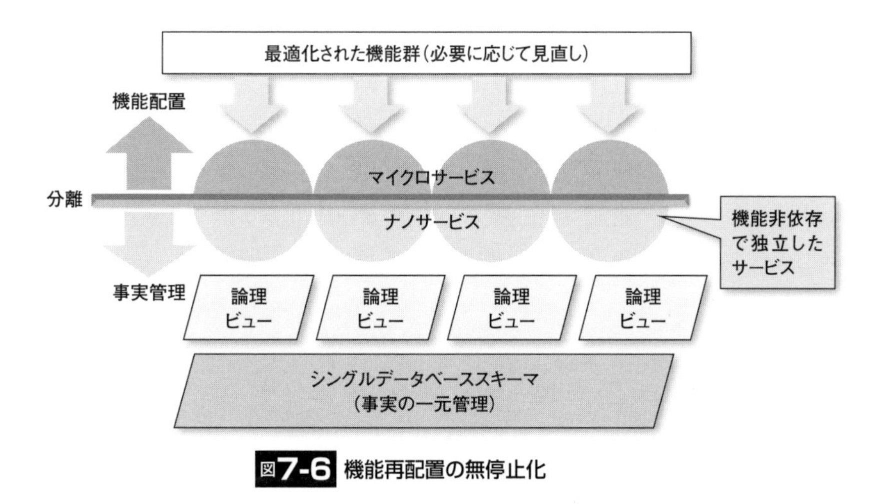

図7-6 機能再配置の無停止化

事実管理をシングルスキーマで行えるように拡張性を持たせておきます。非破壊的にスキーマを拡張させていきながら、既存システムから必要に応じて段階的に機能を移植しつつ、未知の新たな機能要求に対応していくのです。

まとめ

●DevOpsの効果を確実に得るには、企業全体を俯瞰することが必要。
●リスクが顕在化した時点で速やかに元のモジュールに戻れる仕組みをデザインする。
●機能再配置を無停止化するために、機能配置と事実管理の対象を分離する。

索引

■な～ま

■や～わ

■A～Z

■著者

石田 裕三（いしだ ゆうぞう）

野村総合研究所 産業ITイノベーション事業本部 産業ナレッジマネジメント室 エキスパートアーキテクト。1993年に野村総合研究所に入社。99年に米カーネギーメロン大学に留学し、経営学とソフトウエア工学を学ぶ。現地で米GoogleのGoogle File Systemの開発メンバーである故Howard Gobioff氏と出会い、後のアーキテクチャー設計に大きな影響を受ける。帰国以降は、ソフトウエアの経年劣化に伴う様々な問題を根本治癒する手法を探求。「減価償却」型資産のソフトウエアに「増価蓄積」型資産のデータがとらわれる根源的な問題を解決すべく両者を分離する手法を確立し、国内外・業界横断で有効性を検証。現在はIT開発能力を持たない地方自治体のデジタル化支援などを通じて、データ所有者による「内製化」を実現する方法論やツールを洗練中。

システム設計の先導者

ITアーキテクトの教科書［改訂版］

2014年1月22日 初版発行
2018年5月21日 改訂版第1刷発行
2024年2月26日 改訂版第3刷発行

著　者　石田 裕三（野村総合研究所）
発行者　森重 和春
編　集　日経SYSTEMS
発　行　株式会社日経BP
発　売　株式会社日経BPマーケティング
〒105-8308
東京都港区虎ノ門4-3-12

カバーデザイン　葉波 高人（ハナデザイン）
デザイン・制作　ハナデザイン
印刷・製本　大日本印刷

© Yuzo Ishida 2018 ISBN 978-4-8222-5686-9

●本書に関するお問い合わせ、ご連絡は下記にて承ります。
https://nkbp.jp/booksQA